U0209282

给孩子的 水果 观察笔记

小澈麻麻 著绘

你不知道的
水果小秘密

全国百佳图书出版单位

化学工业出版社

·北 京·

内 容 简 介

　　欢迎你打开这本与众不同的水果观察笔记。本书精选了30种我们身边的可爱水果，为每种水果打造了专属身份卡，并配有清晰唯美的图片和科学严谨的文字说明，从水果的外形到内部结构做了全方位的介绍。这里有你不知道的水果小秘密，更有你想了解的趣味小知识。这些水果的花朵有多美，你们想不想看一看？原产国是中国的水果，你知道都有哪些吗？水果中的"吃人怪""胖美人""王者""皇后"都是谁呢？这些问题，你都能在这本书中找到答案。

　　更令人惊喜的是，本书将趣味科普与色彩美学相结合，提供了水果的配色方案及涂色线稿。这本书，不仅适合3～12岁的孩子，大朋友也可以在学习科普知识的同时，动手临摹、涂色，激活潜在的艺术天赋。现在，让我们一起来开启这场超好玩的科普之旅吧！

图书在版编目 (CIP) 数据

给孩子的水果观察笔记 / 小澈麻麻著绘 .—北京：
化学工业出版社，2023.7
　ISBN 978-7-122-43360-2

　Ⅰ . ① 给… Ⅱ . ① 小… Ⅲ . ① 水果 – 儿童读物
Ⅳ . ① S66-49

　中国国家版本馆 CIP 数据核字 (2023) 第 072390 号

责任编辑：曲维伊　　　　　　　　装帧设计：尹琳琳
责任校对：王鹏飞

出版发行：化学工业出版社
　　　　　（北京市东城区青年湖南街13号　邮政编码100011）
印　　装：天津图文方嘉印刷有限公司
880mm×1230mm　1/16　印张$4\frac{1}{4}$　插页30　2023年9月北京第1版第1次印刷

购书咨询：010-64518888　　　　　售后服务：010-64518899
网　　址：http://www.cip.com.cn
凡购买本书，如有缺损质量问题，本社销售中心负责调换。

定　　价：138.00元

献给生命和成长……

Contents

目录

从种子萌芽的那一刻，

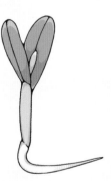

植物便开启了一场精彩的生命之旅……

苹果

[名称] 苹果，又称柰（nài）

[学名] *Malus pumila*；*Malus domestica*

[英文名] Apple

[科属] 蔷薇科，苹果属

[原产地] 亚洲中部及欧洲

———— 趣味小知识 ————

切开的苹果为什么会变成棕色的呢？

当苹果被切开后，受损细胞中的多酚类物质会在多酚氧化酶的催化作用下，与氧气结合，被氧化成为有色物质，也就是我们看到的褐变。大家可以想一想，生活中还有哪些水果和蔬菜会发生这样的褐变反应呢？

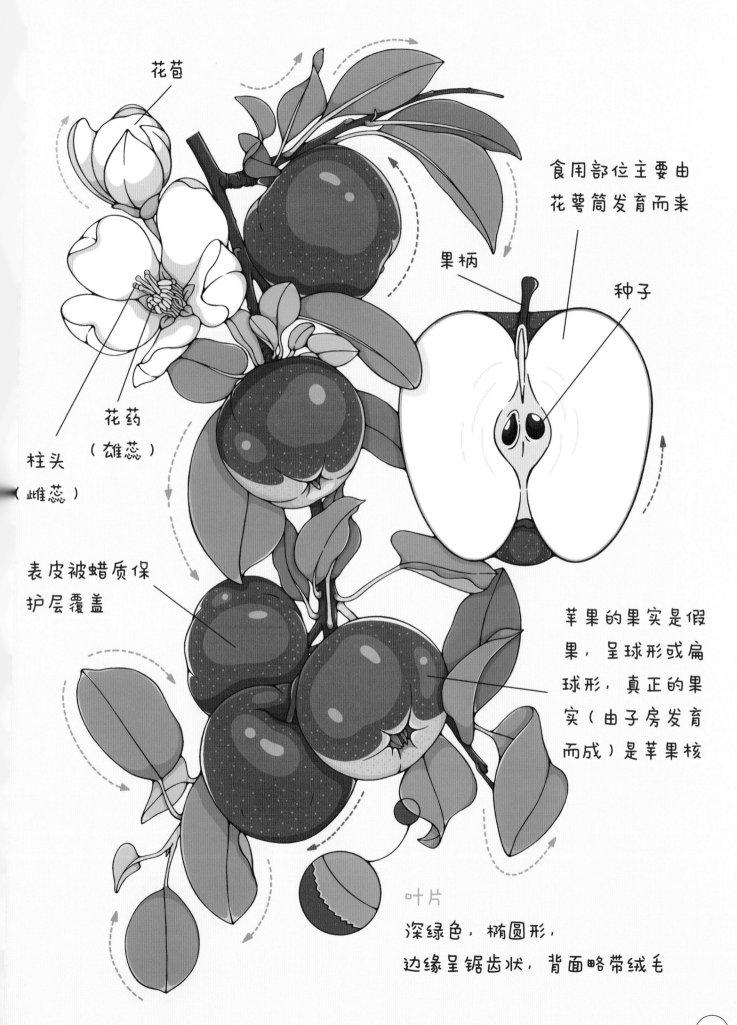

花苞

花药
（雄蕊）

柱头
（雌蕊）

表皮被蜡质保
护层覆盖

食用部位主要由
花萼筒发育而来

果柄

种子

苹果的果实是假
果，呈球形或扁
球形，真正的果
实（由子房发育
而成）是苹果核

叶片

深绿色，椭圆形，
边缘呈锯齿状，背面略带绒毛

梨

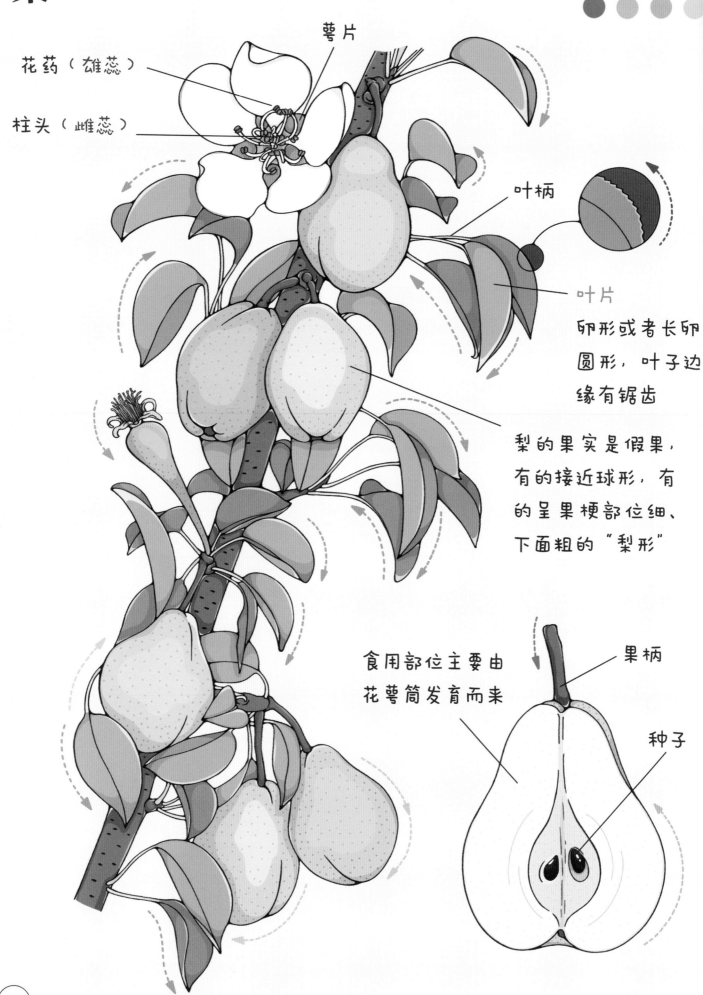

花药（雄蕊）

柱头（雌蕊）

萼片

叶柄

叶片
卵形或者长卵圆形，叶子边缘有锯齿

梨的果实是假果，有的接近球形，有的呈果梗部位细、下面粗的"梨形"

食用部位主要由花萼筒发育而来

果柄

种子

[名称] 梨，是梨属植物的统称

[学名] *Pyrus*

[英文名] Pear

[科属] 蔷薇科，梨属

[原产地] 亚洲、欧洲及非洲

———————————— 趣味小知识 ————————————

梨肉里的"小沙粒"是什么？

蔷薇科的一些植物，尤其是梨，含有一种特殊的细胞，叫作石细胞。石细胞是由木质素沉积在初级细胞壁上，薄壁细胞壁加厚，并且形成成团的厚壁细胞，接下来这些聚集在一起的厚壁细胞开始木质化，其中的原生质（细胞质和细胞核）都消失了，形成实心的石细胞。在梨的果实的生长发育初期，石细胞含量增多，因此口感粗糙。待梨成熟时，石细胞含量减少，就可以食用了。

西瓜

[名称] 西瓜

[学名] *Citrullus lanatus*

[英文名] Watermelon

[科属] 葫芦科，西瓜属

[原产地] 非洲

———————— 趣味小知识 ————————

"一身都是宝"的西瓜

西瓜除了可以直接食用外，它的一身都是"宝"。西瓜汁可以直接饮用或者酿制西瓜酒；西瓜皮可以用于烹饪，炒、炖抑或是包饺子，而腌西瓜皮在俄罗斯非常盛行；西瓜籽富含脂肪及蛋白质，可以作为小吃或者用来榨油。当然，现代科学家培育出的三倍体无籽西瓜，在当今也变得越来越流行。

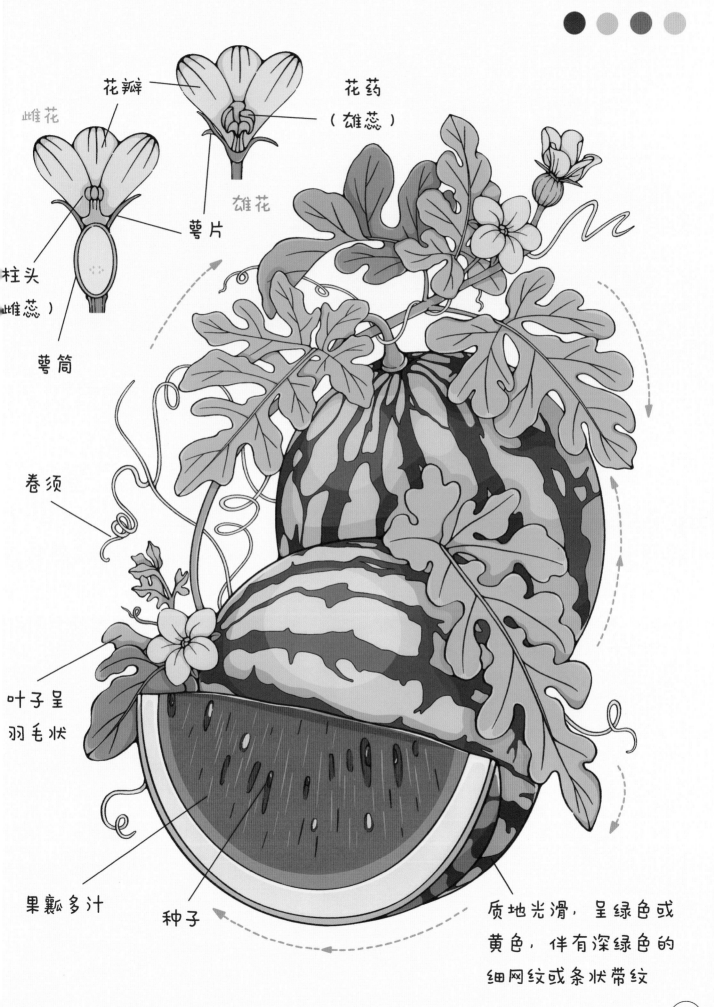

雌花

花瓣

花药
（雄蕊）

萼片

雄花

柱头
（雌蕊）

萼筒

卷须

叶子呈
羽毛状

果瓤多汁

种子

质地光滑，呈绿色或
黄色，伴有深绿色的
细网纹或条状带纹

荔枝

荔枝叶
披针形或
长椭圆状
披针形

若离本枝，一日而色变，二日而香变，
三日而味变，四五日外，色香味尽去矣
白居易《荔枝图序》

果实
呈球形或
卵形

新鲜荔枝很
难保存，需
尽快食用

果柄

鳞斑状突起，颜色因品
种不同有鲜红、暗红色

半透明凝脂状，
甘甜多汁

种子

［名称］荔枝，又名离枝

［学名］*Litchi chinensis*

［英文名］Litchi; Lychee

［科属］无患子科，荔枝属

［原产地］中国的广东、福建和广西等省（自治区）

―――――――― 趣味小知识 ――――――――

你知道荔枝的美味征服过古代的哪些文人吗？

唐代诗人白居易曾这样描写荔枝的美和味，"壳如红缯，膜如紫绡，瓤肉莹白如冰雪，浆液甘酸如醴酪。"一代文豪苏东坡同样把对荔枝的热爱写进了诗中，"日啖荔枝三百颗，不辞长作岭南人。"看来无论是在古代还是现代，荔枝都是很受欢迎的水果呢！

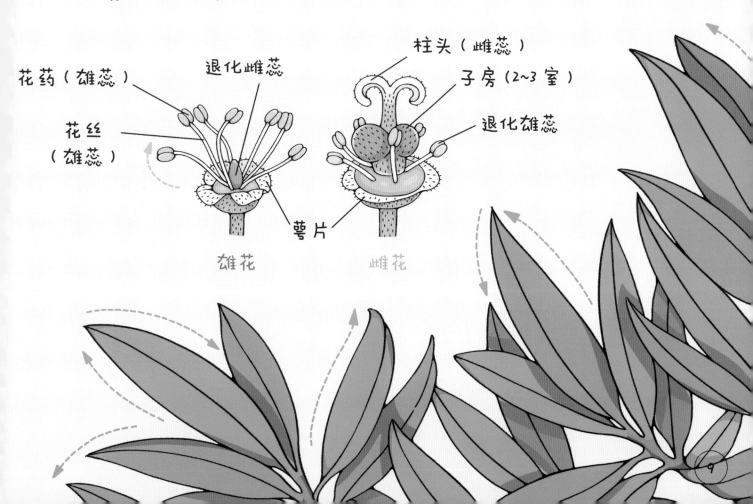

花药（雄蕊）　　　退化雌蕊

花丝
（雄蕊）

萼片

雄花

柱头（雌蕊）

子房（2~3室）

退化雄蕊

雌花

草莓

长满子房的花托

果柄

叶帽

雌蕊

种子

瘦果

花瓣

雌蕊

花托

花药
（雄蕊）

瘦果
尖卵状，光滑

维管束

叶片
倒卵形
或菱形

萼片

果芯

此图为大果凤梨草莓

[名称] 草莓

[学名] *Fragaria X ananassa*

[英文名] Strawberry

[科属] 蔷薇科，草莓属

[原产地] 是原产于智利的智利草莓和原产于
北美的弗州草莓在法国杂交产生

—————— 趣味小知识 ——————

草莓真正的果实到底在哪里？

草莓和黑莓一样，在植物学上都属于聚合果。
我们吃的草莓的主体部分，其实是用来容纳子
房的花托（Receptacle），而花托上的一个个小
点才是草莓真正的果实，也叫瘦果。小瘦果通
常是棕黄色或者红色，它由草莓的子房发育而
来，每个里面都有一粒种子。

蓝莓

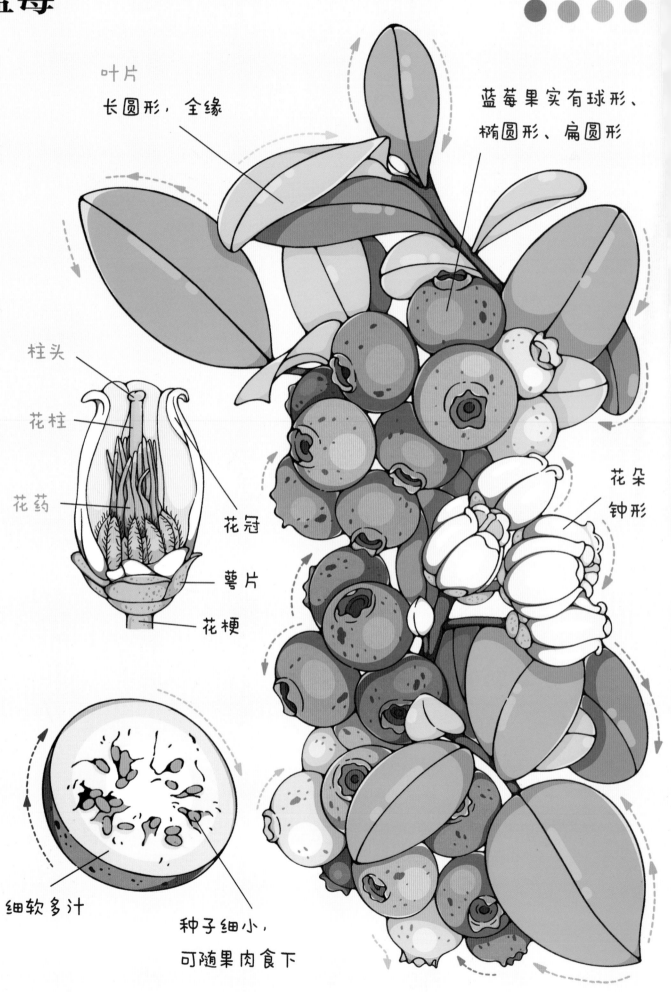

叶片
长圆形，全缘

蓝莓果实有球形、
椭圆形、扁圆形

柱头

花柱

花药

花冠

萼片

花梗

花朵
钟形

细软多汁

种子细小，
可随果肉食下

［名称］蓝莓，广义上可以包括越橘属中长有蓝色
　　　　浆果的所有物种

［学名］Vaccinium spp.

［英文名］Blueberry

［科属］杜鹃花科，越橘属

［原产地］高纬度地区，包括北美和欧亚大陆

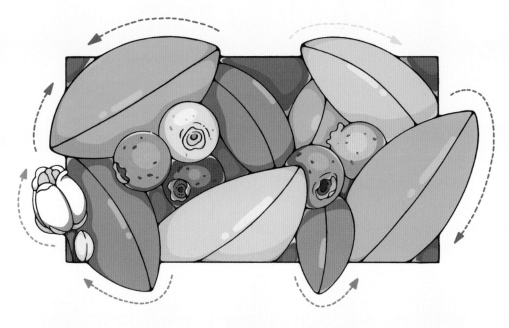

———— 趣味小知识 ————

蓝莓表皮上的白霜是什么？

蓝莓表面的白霜可不是农药哦，这是一种天然蜡质涂层（自身分泌的蜡质），它可以用来保护果实免受昆虫和细菌的损害。因此当我们看到蓝莓表面的白霜时，表明这些蓝莓是非常新鲜的。

欧洲各国的蓝莓料理

在法国和意大利，蓝莓被用作利口酒的基料，还可用作其他甜点和冷饮的调味剂；在芬兰和瑞典，蓝莓会被做成汤；在冰岛，蓝莓会与乳制品一起食用；在波兰，蓝莓可以作为甜面包的馅料。

香蕉

香蕉是常绿草本单子叶植物
叶片长圆形，基部椭圆形，
叶面呈深绿色，叶背呈浅
绿色（可包扎伤口）

茎秆

香蕉断蕾

为了保证果实的
生长发育，香蕉
长出来几排后，
就可以把花砍掉

苞片

保护花和果实

香蕉花

种子

现在我们吃到的香蕉是培育出的
种子退化，果肉却更甜的品种。
而繁殖香蕉，是用不到它的种子
的，只要将根上的幼芽挑出来，
重新埋进土里就可以了

原始的野外香蕉种子
很多且很大，这就导
致果肉很少

[名称] 香蕉，又名甘蕉、弓蕉

[学名] *Musa acuminata*；*Musa balbisiana*；

Musa x paradisiaca

[英文名] Banana

[科属] 芭蕉科，芭蕉属

[原产地] 中国南部、印度

—————— 趣味小知识 ——————

"硕果累累"的香蕉

香蕉果实从香蕉心发育而来，这是一个巨大的悬挂簇，由 3~20 层组成，每一层通常有 20 个香蕉，可重达 30~50 千克，称得上是"硕果累累"。香蕉心指的是香蕉的穗状花序，包括靠近茎（基部）的雌花和顶部（花轴末端）的雄花。

为什么运动员喜欢吃香蕉？

香蕉富含碳水化合物，且容易消化，同时作为固体食物，香蕉的饱腹感也很强，因此经常被运动员用来补充能量。

黑莓
红树莓

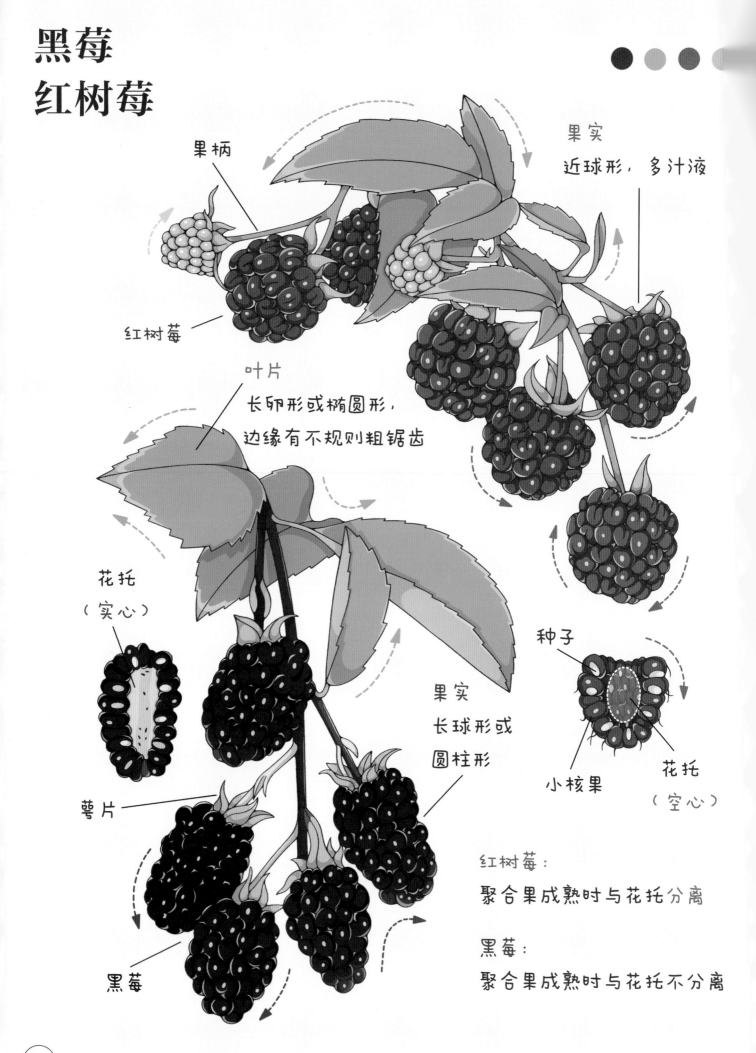

果柄

果实
近球形，多汁液

红树莓

叶片
长卵形或椭圆形，
边缘有不规则粗锯齿

花托
（实心）

萼片

果实
长球形或
圆柱形

种子

小核果

花托
（空心）

黑莓

红树莓：
聚合果成熟时与花托分离

黑莓：
聚合果成熟时与花托不分离

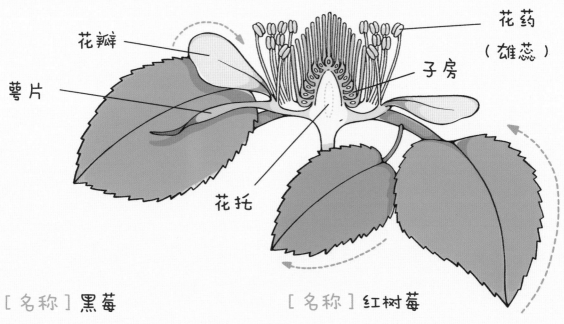

花瓣

花药
（雄蕊）

萼片

子房

花托

[名称] 黑莓

[学名] *Rubus allegheniensis*

[英文名] Blackberry

[科属] 蔷薇科，悬钩子属

[原产地] 北美

[名称] 红树莓

[学名] *Rubus idaeus*

[英文名] Red Raspberry

[科属] 蔷薇科，悬钩子属

[原产地] 北美

—— 趣味小知识 ——

莓莓有话说

正如本书前文提到，草莓的果实是一种聚合果，树莓也是一样。聚合果是由一朵花中的多个子房聚合在一起形成的果实。

花苞

葡萄

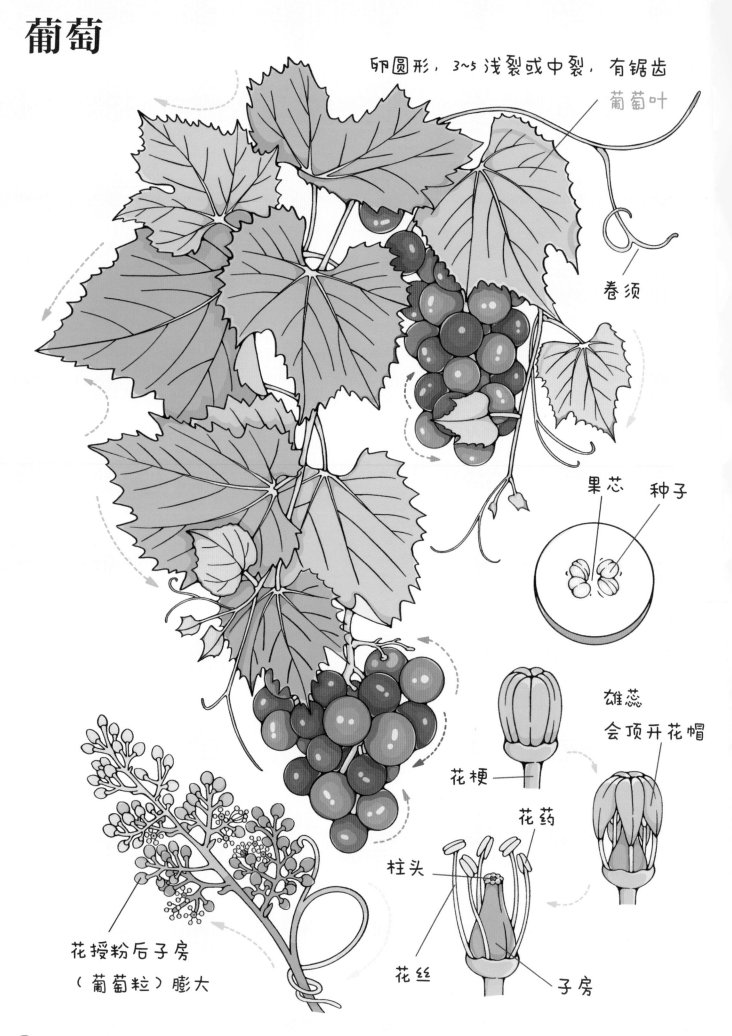

卵圆形，3~5 浅裂或中裂，有锯齿

葡萄叶

卷须

果芯　种子

雄蕊
会顶开花帽

花梗

花药

柱头

花丝

子房

花授粉后子房
（葡萄粒）膨大

此图为欧亚葡萄

[名称] 葡萄

[学名] *Vitis vinifera*

[英文名] Grape

[科属] 葡萄科，葡萄属

[原产地] 中亚的里海和黑海之间
据说中国的葡萄是汉朝张骞出使
西域时经由丝绸之路而引进中国

———— 趣味小知识 ————

葡萄酒的酿造过程和历史

种植的葡萄分为食用葡萄和酿酒葡萄。酿酒用的葡萄通常较小、含糖量高而且皮厚，正是这厚厚的葡萄皮赋予了葡萄酒更丰富、更有个性的香味。因葡萄皮上还存在天然的酵母，人们把葡萄捣碎，再放置一段时间，就可以酿成葡萄酒。

葡萄酒的历史最早可以追溯到 8000 年前的格鲁吉亚，而在亚美尼亚有世界上最古老的葡萄酿酒厂。

鸡蛋果

[名称] 鸡蛋果，又名百香果

[学名] *Passiflora edulis*

[英文名] Passion Fruit

[科属] 西番莲科，西番莲属

[原产地] 南美洲的巴西

—— 趣味小知识 ——

百香果酷似"时钟"的花朵

百香果花朵层次分明、颜色鲜艳，一圈丝状的副花冠呈环状排列，整个花朵造型像一面精巧的时钟，因此在以色列被称为"时钟花"；在希腊被称为"时钟植物"；在日本，百香果被叫成"时计草"或"时计果"。

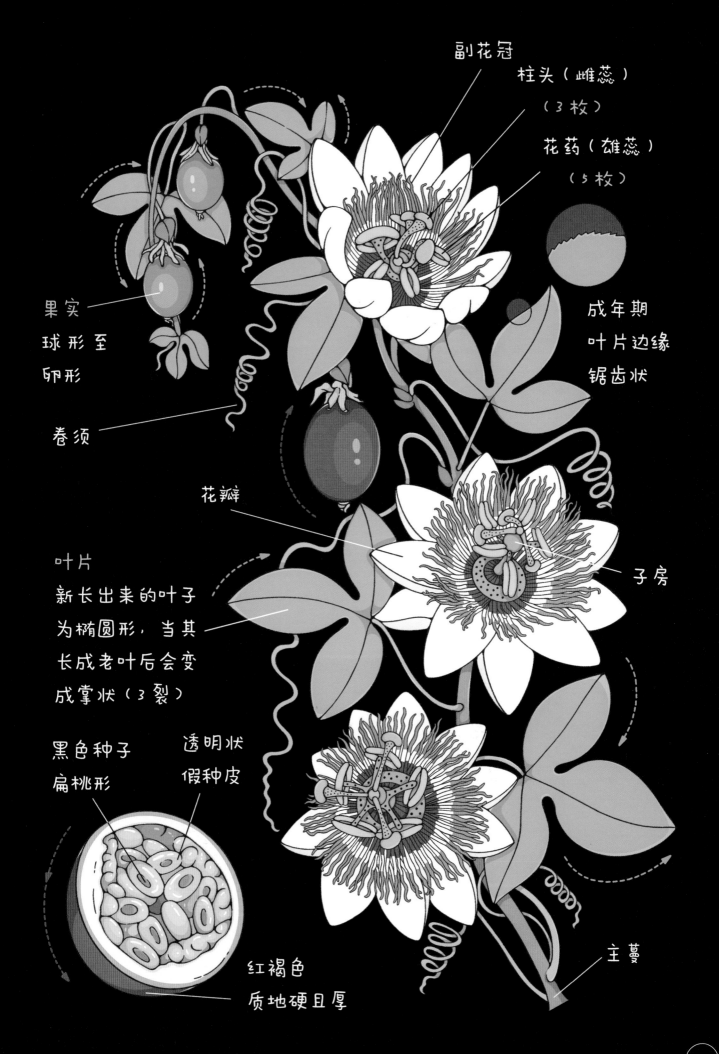

副花冠

柱头（雌蕊）

（3枚）

花药（雄蕊）

（5枚）

成年期

叶片边缘

锯齿状

果实

球形至

卵形

卷须

花瓣

子房

叶片

新长出来的叶子

为椭圆形，当其

长成老叶后会变

成掌状（3裂）

黑色种子

扁桃形

透明状

假种皮

红褐色

质地硬且厚

主蔓

榴梿

[名称] 榴梿，也称麝香猫果

[学名] *Durio zibethinus*

[英文名] Durian

[科属] 锦葵科，榴梿属

[原产地] 印度尼西亚

—————— 趣味小知识 ——————

"臭"名昭著的"水果之王"——榴梿

越接近成熟的榴梿，它的气味就越强烈。我们闻起来臭臭的榴梿，对于红毛猩猩、马来熊等一些动物来说可是诱人的美味呢！榴梿的营养价值极高，泰国有"一只榴梿三只鸡"的说法。生榴梿含有大量的膳食纤维、脂肪酸和蛋白质，同时还含有多种维生素和矿物质。

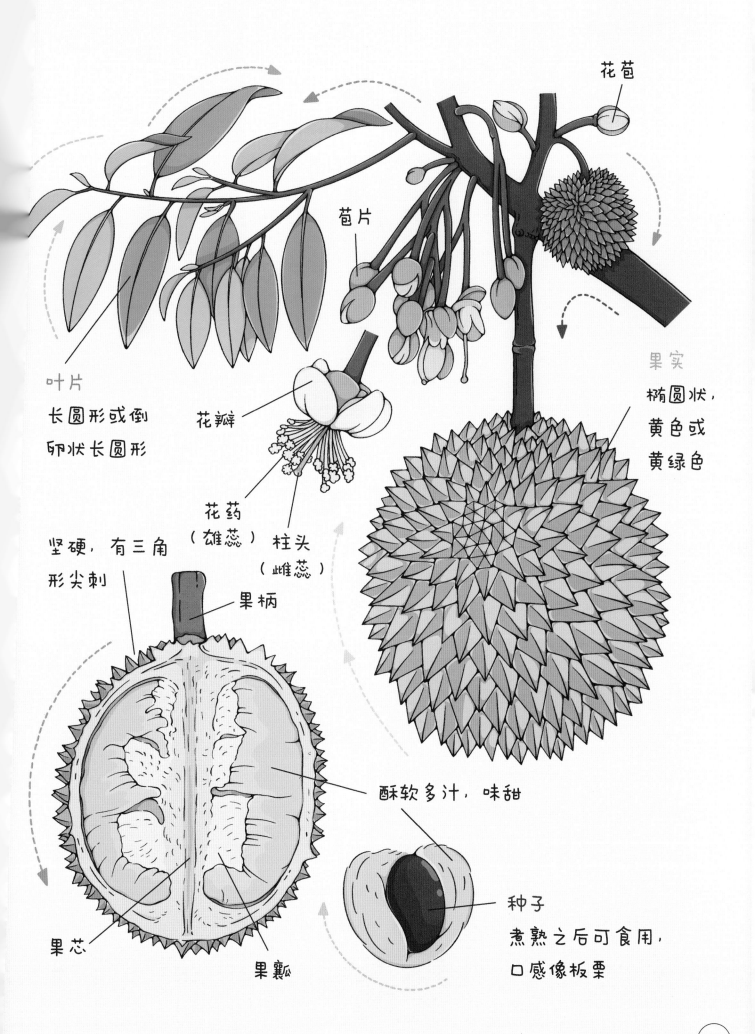

花苞

苞片

叶片
长圆形或倒
卵状长圆形

花瓣

花药
（雄蕊）　柱头
（雌蕊）

坚硬，有三角
形尖刺

果柄

果实
椭圆状，
黄色或
黄绿色

酥软多汁，味甜

种子
煮熟之后可食用，
口感像板栗

果芯

果瓤

番木瓜

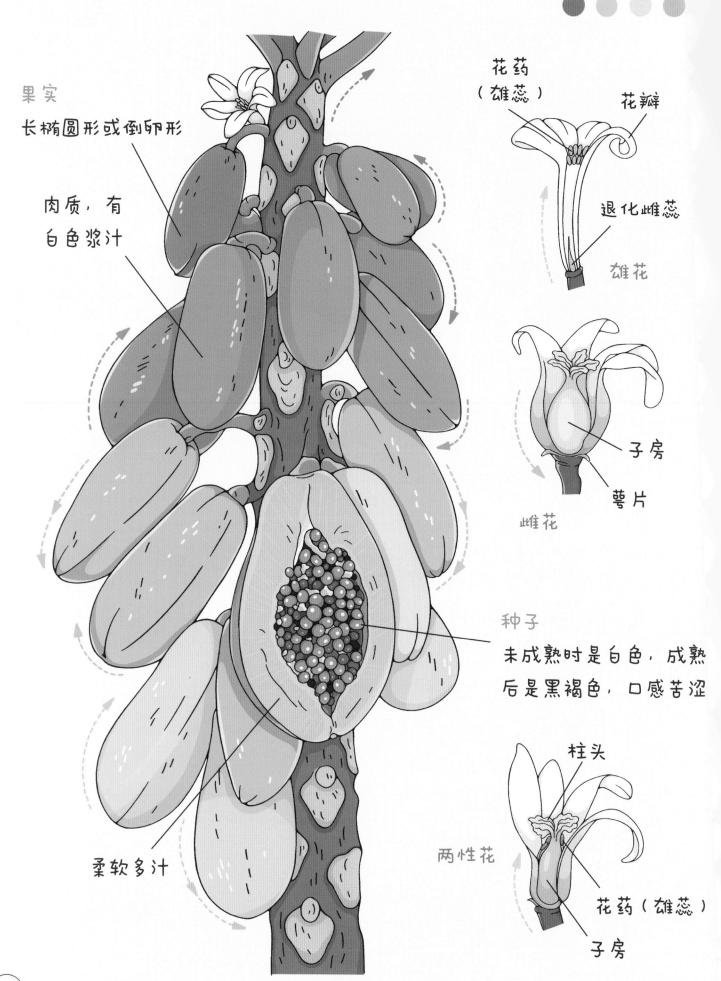

果实
长椭圆形或倒卵形

肉质，有
白色浆汁

柔软多汁

花药
（雄蕊）

花瓣

退化雌蕊

雄花

子房

萼片

雌花

种子
未成熟时是白色，成熟
后是黑褐色，口感苦涩

柱头

两性花

花药（雄蕊）

子房

[名称] 番木瓜，又称木瓜、树冬瓜等

[学名] *Carica papaya*

[英文名] Papaya

[科属] 番木瓜科，番木瓜属

[原产地] 南美洲

——— 趣味小知识 ———

未成熟的木瓜竟然还能做成料理？

我们都知道，熟透的木瓜作为水果有着香甜细软的口感，而未成熟的木瓜也可以当作蔬菜做出各种料理呢！

在菲律宾，未成熟的木瓜被切成丝，制成一种叫作阿查拉的泡菜；在泰国，木瓜会被做成沙拉，也会被作为咖喱的原材料；在印度尼西亚，凤尾鱼被包在木瓜叶里做成料理，当地的人们也会将木瓜花蕾和辣椒、青番茄放一起烹饪，即为传统料理的典型菜品"Minahasan"。

番荔枝

表面有石细胞疣状突起，未成熟时果皮呈深绿色，成熟后果皮呈浅绿色或黄绿色

果实

释迦是聚合浆果，肉质，呈圆形、球形或心脏状

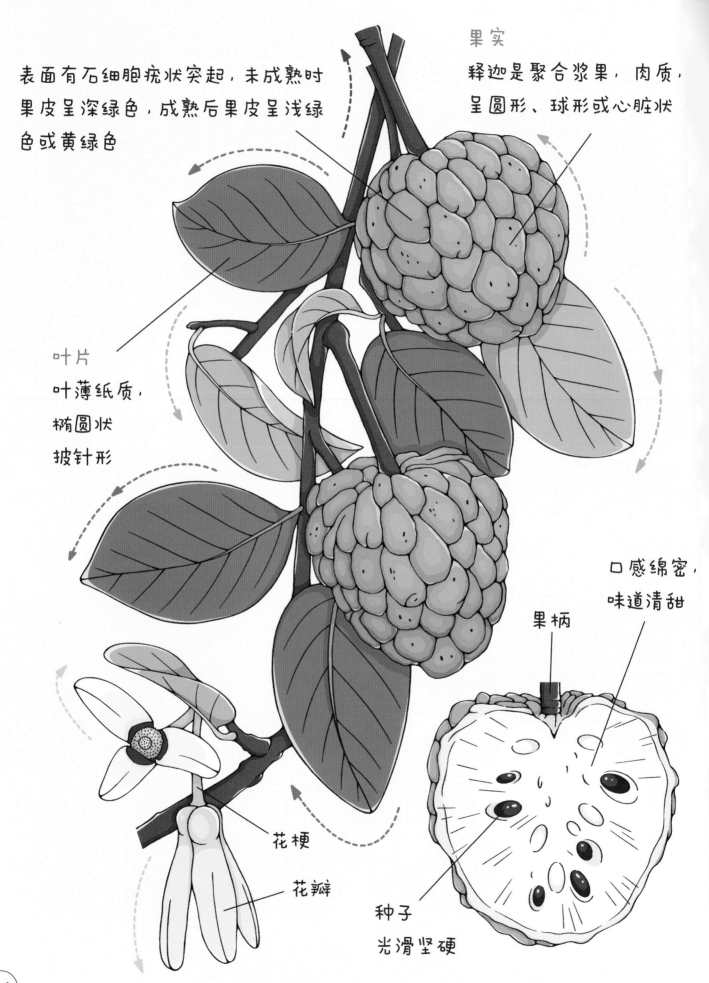

叶片

叶薄纸质，椭圆状披针形

口感绵密，味道清甜

果柄

花梗

花瓣

种子
光滑坚硬

[名称] 番荔枝，又称释迦、佛头果

[学名] *Annona squamosa*

[英文名] Sugar Apple

[科属] 番荔枝科，番荔枝属

[原产地] 美洲的热带地区

—————— 趣味小知识 ——————

"释迦" 名字的由来

释迦是热带地区水果，在400多年前被引入我国台湾省，进而被大规模种植。因其幼果极似荔枝，自"番邦"引入，所以被叫作"番荔枝"。又因释迦的果实形状很像释迦牟尼的头部，因此也被称为"释迦"。

杧果

[名称] 杧果，又称芒果、檬果

[学名] *Mangifera indica*

[英文名] Mango

[科属] 漆树科，杧果属

[原产地] 印度东北部

—————— 趣味小知识 ——————

杧果为什么会引起过敏？

杧果肉里含有多种维生素、膳食纤维以及多种微量元素，营养非常丰富。但需要注意的是杧果的汁液中含有漆酚（Urushiol），是一种容易导致过敏的物质。特别是没有熟透的杧果，更容易引起过敏反应。症状大多为：嘴唇肿胀，皮肤出现皮疹，口腔起泡等。

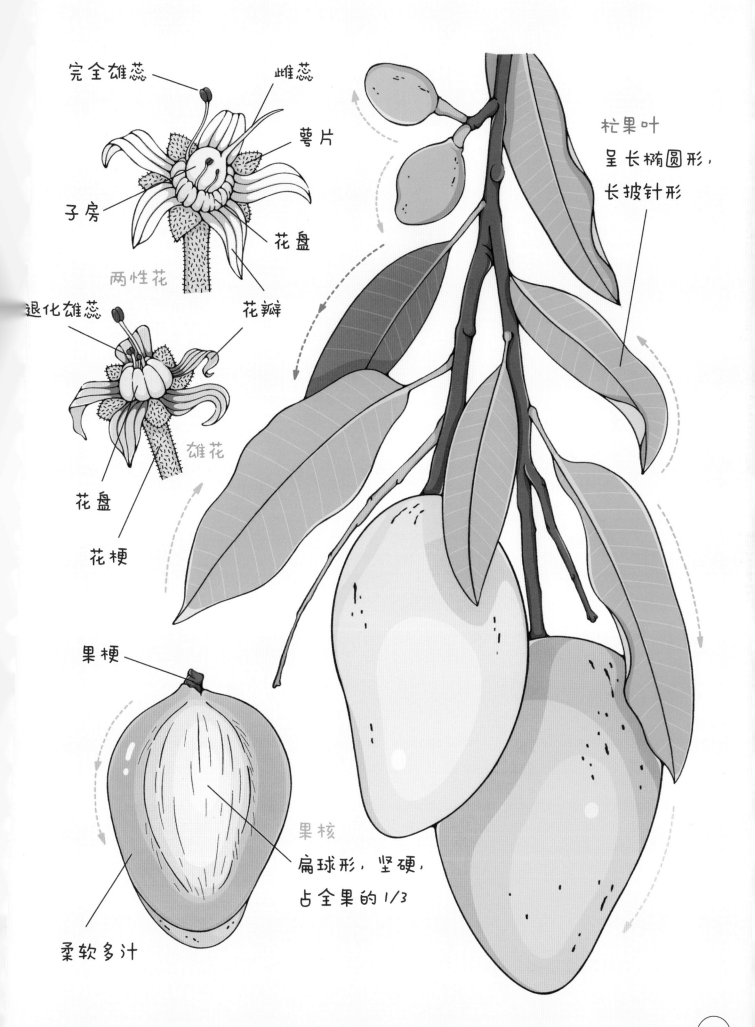

完全雄蕊　　　雌蕊

萼片

子房

花盘

两性花

退化雄蕊　　　花瓣

雄花

花盘

花梗

杧果叶
呈长椭圆形，
长披针形

果梗

果核
扁球形，坚硬，
占全果的1/3

柔软多汁

凤梨

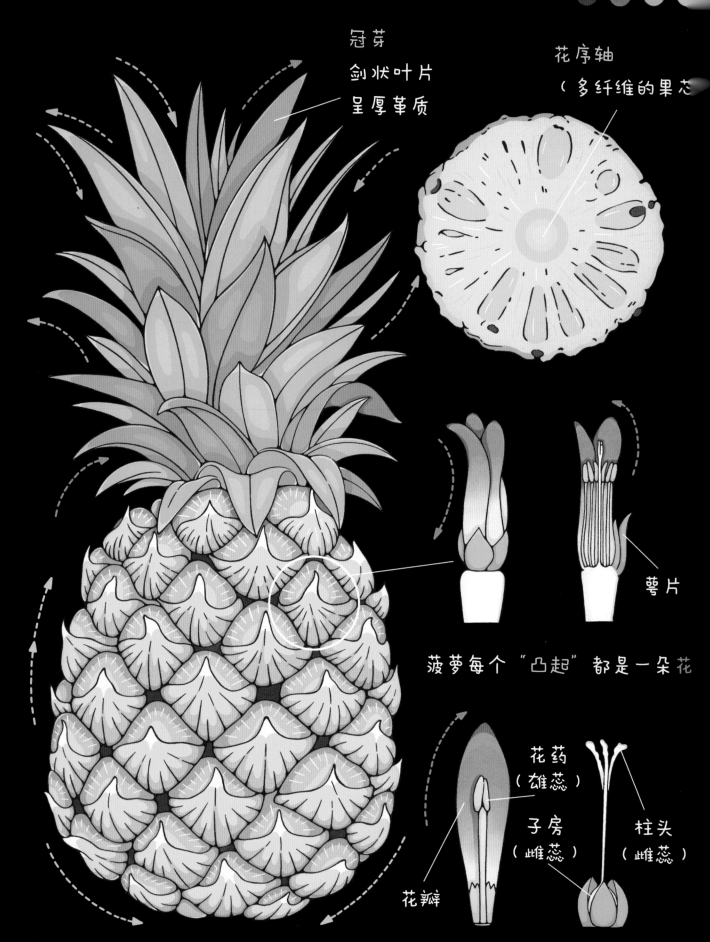

冠芽

剑状叶片
呈厚革质

花序轴
（多纤维的果芯）

萼片

菠萝每个"凸起"都是一朵花

花药
（雄蕊）

子房
（雌蕊）

柱头
（雌蕊）

花瓣

果实为聚花果（包含许多花的一整个花序发育而来的果实）

菠萝竟然会"吃人"？

菠萝中含有菠萝蛋白酶，也称菠萝酶或菠萝酵素。这种酶有分解蛋白质的能力，因此如果直接食用菠萝，嘴和舌头会有刺痛感，这就是菠萝在"吃人"呢。也有种说法是草酸钙针晶的作用。

菠萝和凤梨是一样的吗？

从植物学角度来讲，不存在"凤梨"和"菠萝"两个物种。全凤梨科只有一个可食用物种，就是菠萝，东南亚和南美洲是其主要的产地。

[名称]

凤梨，又称菠萝

[学名]

Ananas comosus

[英文名]

Pineapple

[科属]

凤梨科，凤梨属

[原产地]

南美洲

猕猴桃

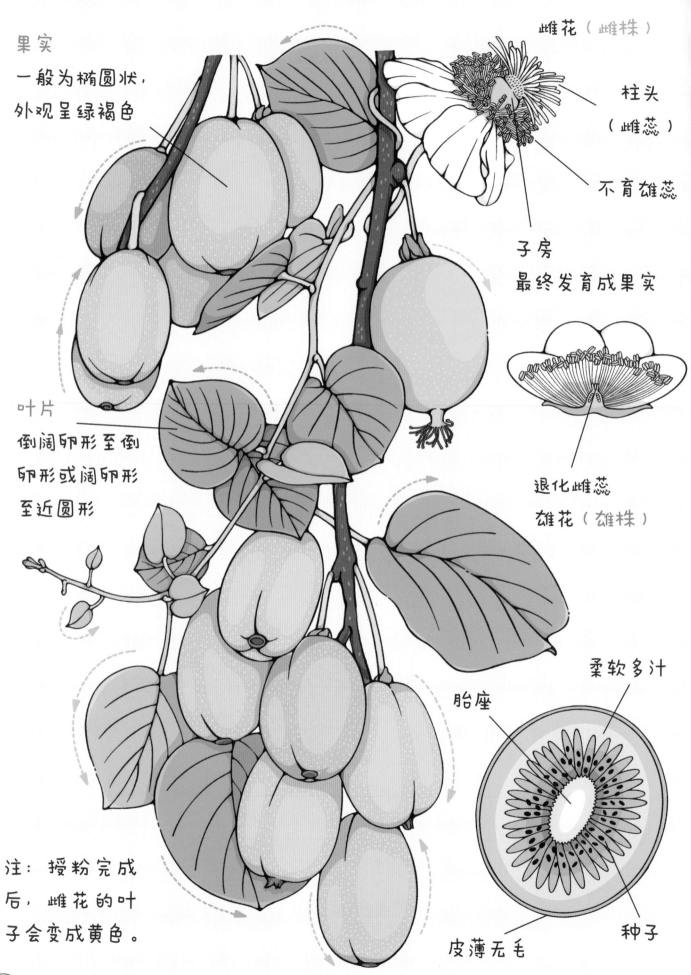

果实
一般为椭圆状，
外观呈绿褐色

叶片
倒阔卵形至倒
卵形或阔卵形
至近圆形

雌花（雌株）

柱头
（雌蕊）

不育雄蕊

子房
最终发育成果实

退化雌蕊
雄花（雄株）

柔软多汁

胎座

注：授粉完成
后，雌花的叶
子会变成黄色。

皮薄无毛

种子

此图为中华猕猴桃

[名称] 猕猴桃，又称奇异果

[学名] *Actinidia chinensis*

[英文名] 中华猕猴桃 Chinese Gooseberry

　　　　美味猕猴桃 kiwi Fruit

[科属] 猕猴桃科，猕猴桃属

[原产地] 中国

───────── 趣味小知识 ─────────

猕猴桃的远洋旅行：从中国到新西兰

猕猴桃原产自中国，《本草纲目》中写道："其形如梨，其色如桃，而猕猴喜食，故有诸名。" 1904 年，玛丽·伊莎贝尔·弗雷泽女士把湖北宜昌的猕猴桃种子带回新西兰，然后辗转送到知名的园艺专家亚历山大手中，培植出了新西兰第一株奇异果树。迄今为止，新西兰出产的奇异果已经风靡全世界，而"kiwi Fruit"的名字就来自新西兰的国鸟几维鸟（kiwi）。

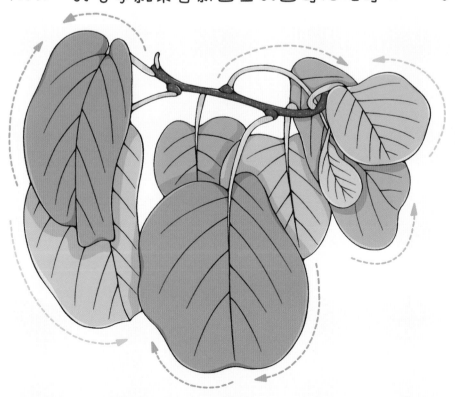

柿子

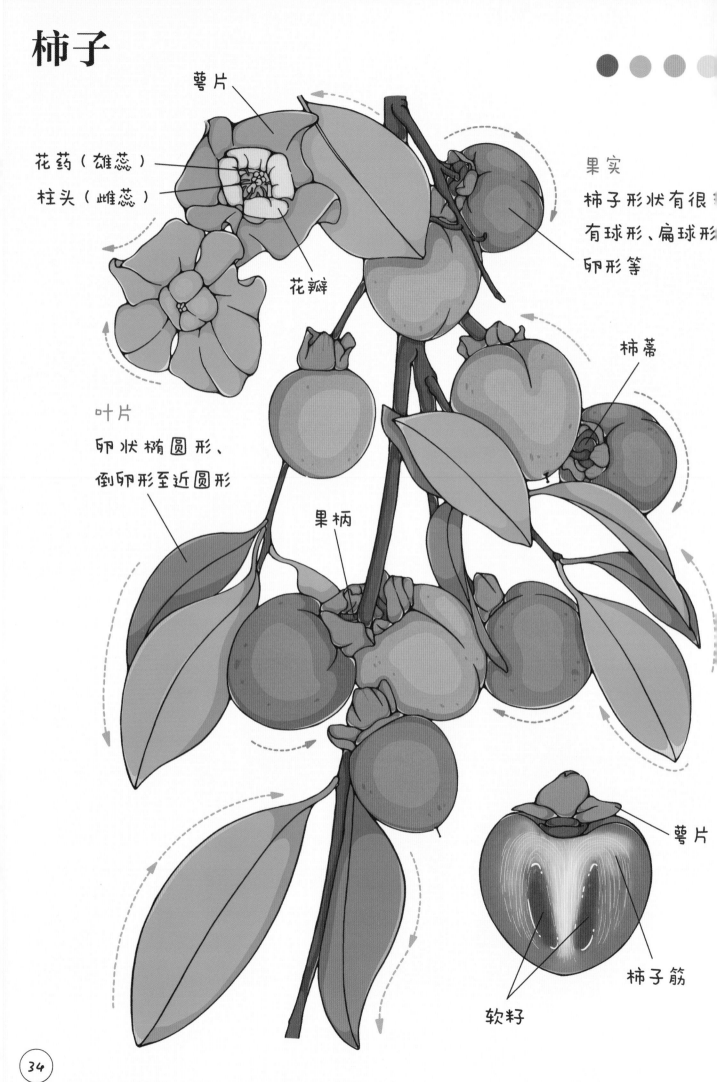

萼片

花药（雄蕊）

柱头（雌蕊）

花瓣

果实

柿子形状有很
有球形、扁球形
卵形等

柿蒂

叶片

卵状椭圆形、
倒卵形至近圆形

果柄

萼片

柿子筋

软籽

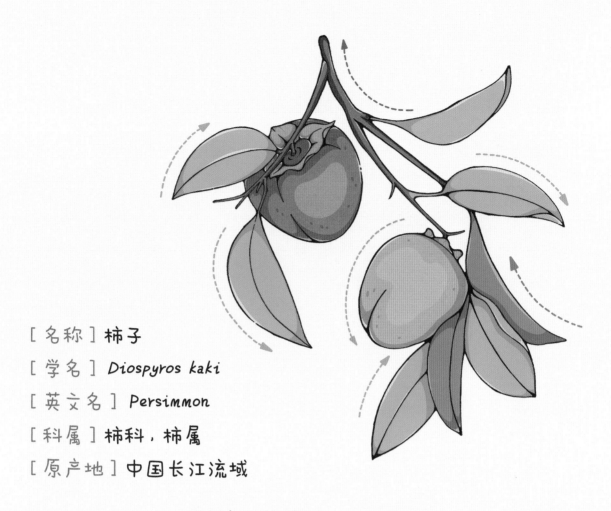

[名称] 柿子

[学名] *Diospyros kaki*

[英文名] *Persimmon*

[科属] 柿科，柿属

[原产地] 中国长江流域

———————— 趣味小知识 ————————

柿子为什么要避免空腹吃？

柿子中含有单宁（鞣酸），空腹食用时，单宁在胃酸的作用下与胃黏液蛋白结合成团块。当它越积越大时，可能无法排出，中医学上称为"胃石"。

柿饼表面的"白霜"是什么？

为了更好保存，人们会把柿子晒成柿饼。柿饼外面通常有一层白色的粉末，叫作柿霜。柿霜不是淀粉，而是葡萄糖，葡萄糖晶体很难与空气中的水分结合，因此柿饼表面可以保持干燥，从而利于保存。

枇杷

[名称] 枇杷，又称卢橘、金丸

[学名] *Eriobotrya japonica*

[英文名] Loquat

[科属] 蔷薇科，枇杷属

[原产地] 中国华南地区

—————— 趣味小知识 ——————

枇杷膏是用枇杷果做的吗？

我们都熟知的枇杷膏，其实并没有用到枇杷的果实，而是使用枇杷叶制成的。据《中华人民共和国药典》记载，枇杷叶"苦，微寒。归肺、胃经"，有清肺止咳和降逆止呕的作用。将枇杷叶晾干后与其他药材（如：浙贝母、桔梗、前胡等）加炼蜜或蔗糖一起熬煮，就可以制成我们熟悉的枇杷膏了。

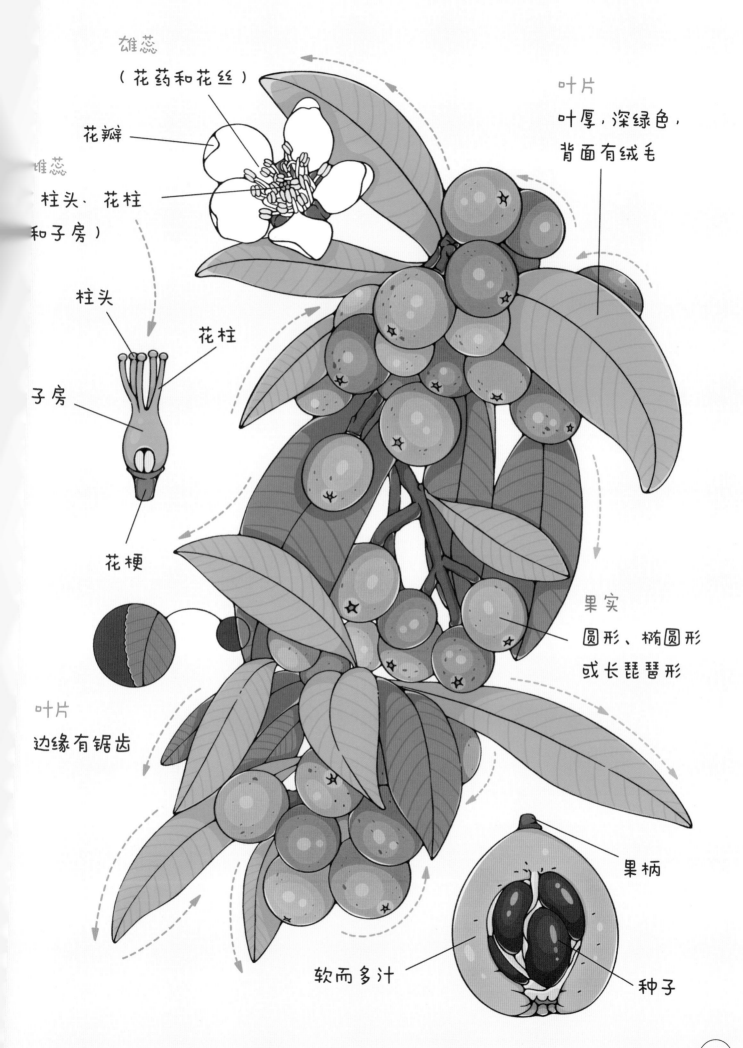

雄蕊
（花药和花丝）

花瓣

雌蕊
柱头、花柱
和子房）

柱头

花柱

子房

花梗

叶片
叶厚，深绿色，
背面有绒毛

果实
圆形、椭圆形
或长琵琶形

叶片
边缘有锯齿

果柄

软而多汁

种子

杏

[名称] 杏

[学名] *Prunus armeniaca*

[英文名] Apricot

[科属] 蔷薇科，李属

[原产地] 中国

—————— 趣味小知识 ——————

中国传统文化中的"杏林"和"杏坛"

野生杏最早在中国被驯化，随后进一步被引入世界各地。杏在中国传统文化中有着悠久的历史，也演化出了不同的语义。据《神仙传》记载，东汉末年，名医董奉居住在庐山时，免费为当地百姓治病，仅让痊愈的病人种植杏树作为回报，十年间种植十万余株杏树。因此，后人用"杏林"一词来称颂医道。在《庄子》中，"杏坛"被描述为孔子讲学的所在，后人用这一词泛指聚众讲学的场所。

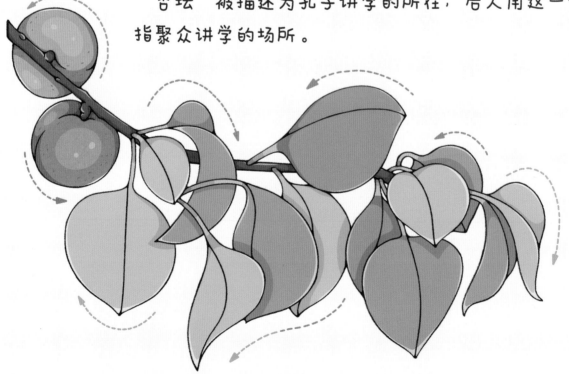

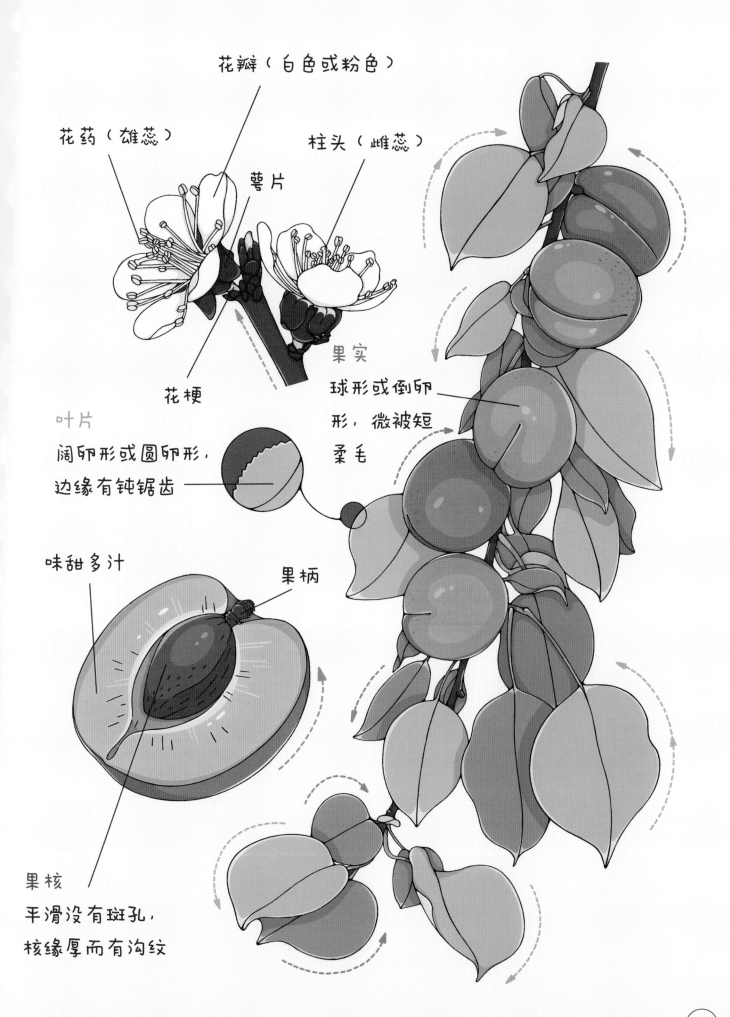

花瓣（白色或粉色）

花药（雄蕊）

柱头（雌蕊）

萼片

果实

花梗

球形或倒卵形，微被短柔毛

叶片

阔卵形或圆卵形，边缘有钝锯齿

味甜多汁

果柄

果核

平滑没有斑孔，核缘厚而有沟纹

火龙果

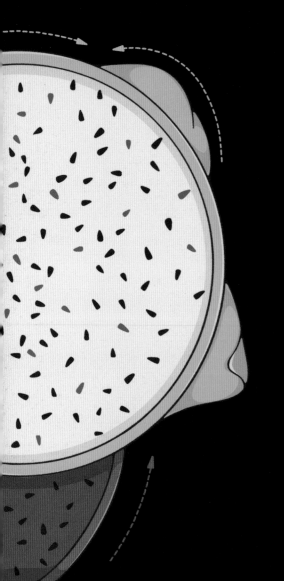

[名称] 火龙果，中文学名为量天尺

[学名] *Hylocereus undatus*（白肉）

Hylocereus polyhizus（红肉）

[英文名] Dragon Fruit；Pitaya

[科属] 仙人掌科，量天尺属

[原产地] 墨西哥南部和中美洲

———— 趣味小知识 ————

火龙果和仙人掌居然是"一家人"？

仙人掌多数生长于沙漠等干旱地区，大部分仙人掌都有锋利的刺，容易让人避而远之。在人们的印象中很难把仙人掌与火龙果联系到一起，但事实上，火龙果正是几种不同仙人掌植物的果实。主要的火龙果品种按颜色分类为红皮白肉（最常见）、红皮红肉和黄皮白肉等。

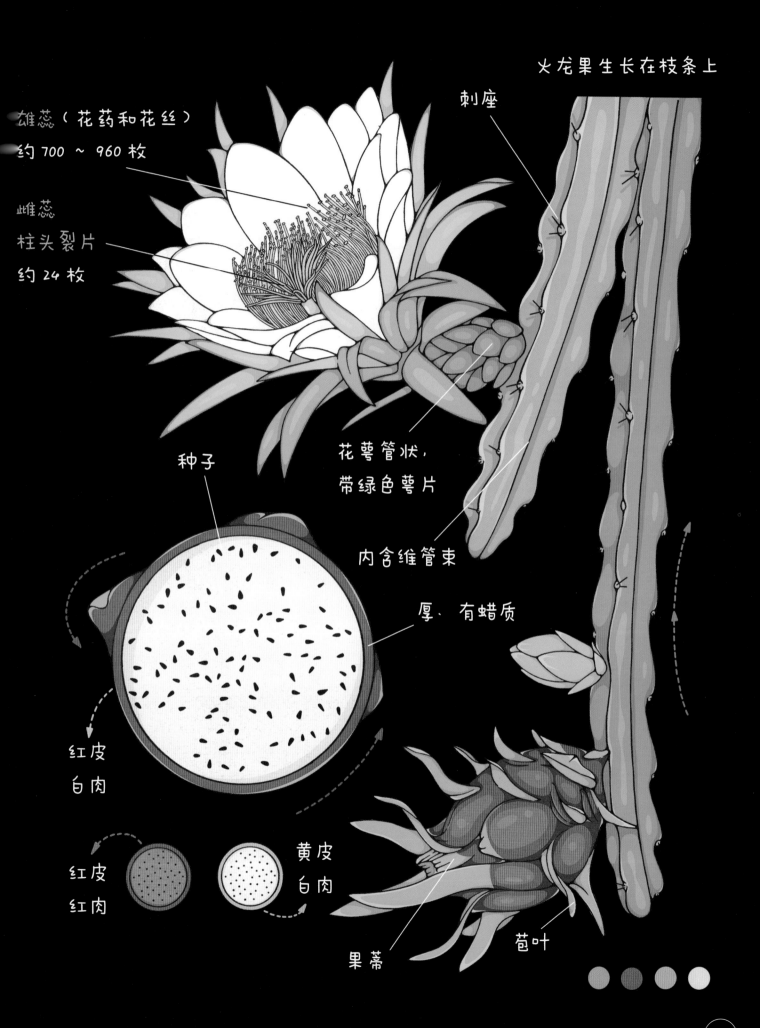

雄蕊（花药和花丝）
约 700 ~ 960 枚

雌蕊
柱头裂片
约 24 枚

火龙果生长在枝条上

刺座

种子

花萼管状，
带绿色萼片

内含维管束

厚、有蜡质

红皮
白肉

红皮
红肉

黄皮
白肉

果蒂

苞叶

阳桃

[名称] 阳桃，又称杨桃、洋桃、星星果

[学名] *Averrhoa carambola*

[英文名] Carambola；Star Fruit

[科属] 酢浆草科，阳桃属

[原产地] 东南亚热带地区

趣味小知识

"反应迟钝"的阳桃

快速植物运动指的是植物结构在很短的时间内发生的运动。例如，捕蝇草会在大约 100 毫秒内关闭它的陷阱。最快反应的记录目前由白桑树保持，它喷射花粉只要 25 微秒。相比之下，阳桃则"反应迟钝"，当你摇动阳桃树的枝干后，它的树叶会由水平缓慢下垂，最长时间可能需要 20 秒。

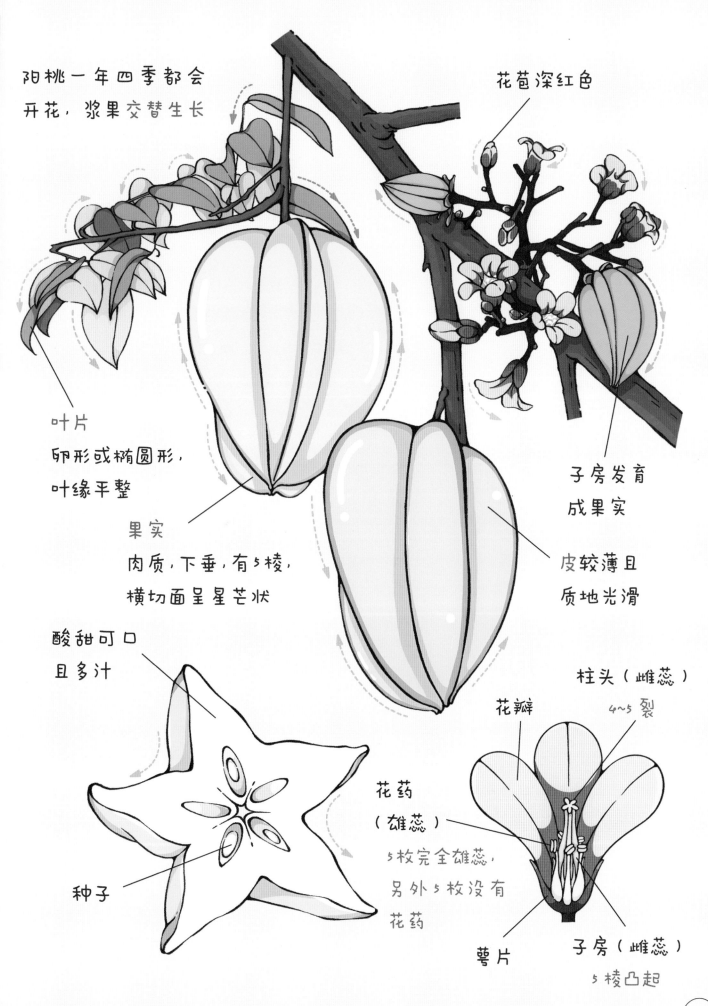

阳桃一年四季都会
开花，浆果交替生长

花苞深红色

叶片
卵形或椭圆形，
叶缘平整

果实
肉质，下垂，有5棱，
横切面呈星芒状

子房发育
成果实

皮较薄且
质地光滑

酸甜可口
且多汁

柱头（雌蕊）

花瓣

4~5裂

花药
（雄蕊）

5枚完全雄蕊，
另外5枚没有
花药

种子

萼片

子房（雌蕊）

5棱凸起

柠檬

[名称] 柠檬

[学名] *Citrus x limon*

[英文名] *Lemon*

[科属] 芸香科，柑橘属

[原产地] 东南亚

———————————— 趣味小知识 ————————————

柠檬为什么这么酸？

柠檬的汁液中含有柠檬酸，柠檬酸的pH值约为 2.2，天然存在于柑橘类水果中。柠檬和酸橙中的柠檬酸浓度可以达到 0.30 摩尔／升，因此酸味十分浓郁。

柠檬酸和诺贝尔奖

柠檬酸盐是柠檬酸循环（也称为三羧酸循环）的中间体，是动植物和细菌的核心代谢途径，高等生物约 2/3 的食物衍生能量来源于此。汉斯·克雷布斯博士因为这项发现获得了 1953 年的诺贝尔生理学或医学奖。

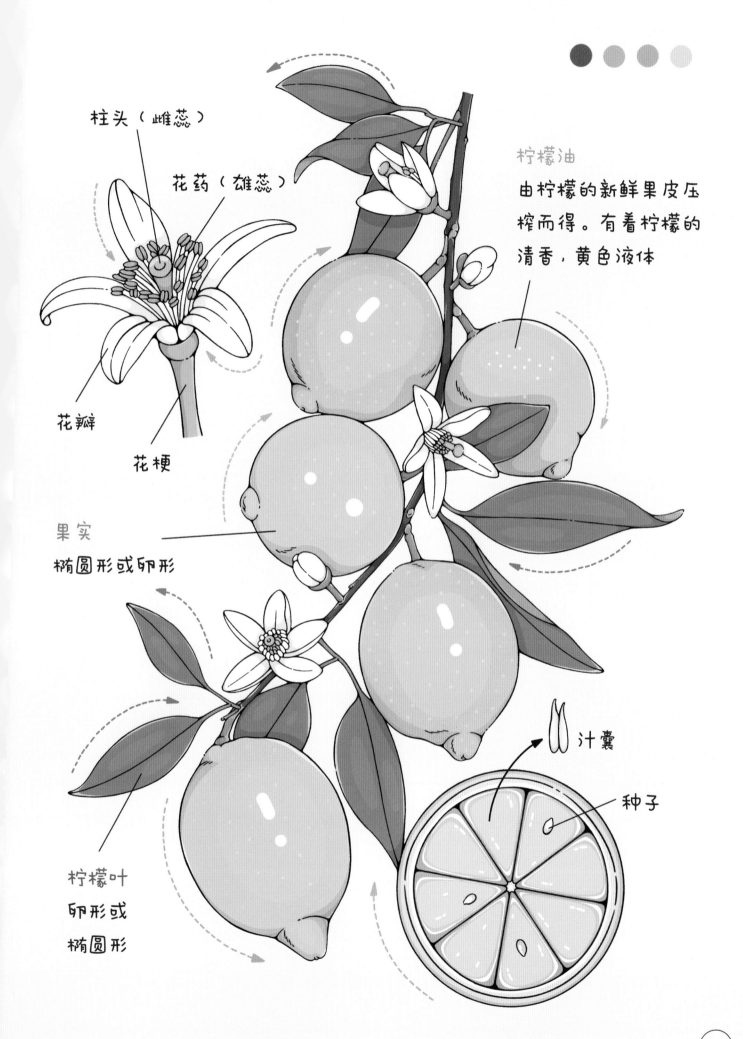

柱头（雌蕊）

花药（雄蕊）

花瓣

花梗

果实
椭圆形或卵形

柠檬叶
卵形或
椭圆形

柠檬油
由柠檬的新鲜果皮压
榨而得。有着柠檬的
清香，黄色液体

汁囊

种子

无花果

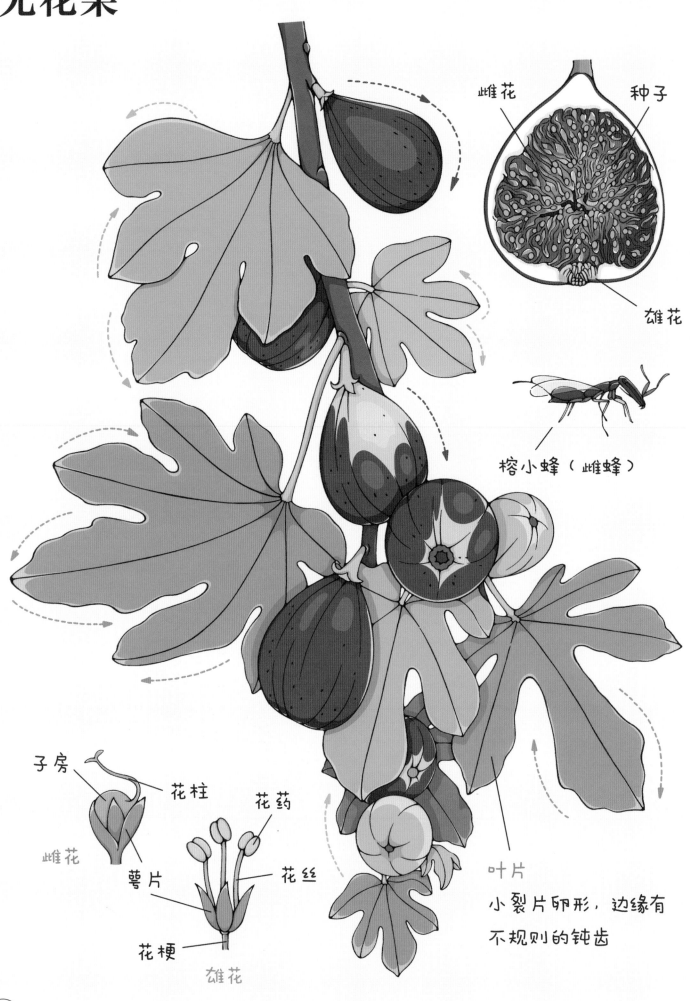

雌花　　种子

雄花

榕小蜂（雌蜂）

子房　　花柱

花药

雌花　　萼片　　花丝

花梗

雄花

叶片

小裂片卵形，边缘有
不规则的钝齿

[名称] 无花果，又称红心果

[学名] *Ficus carica*

[英文名] Fig

[科属] 桑科，榕属

[原产地] 中东和西亚地区

—————————— 趣味小知识 ——————————

无花果真的没有花吗？

无花果可不是没有花哦。无花果的花叫隐头花序，我们看到的无花果实际上是一个肉质中空的花托，内部有几十到上千个单排卵小花，每朵花里都有一个子房。野生无花果有两种不同类型的个体，一种是为榕小蜂提供育儿室，同时产生花粉的功能性雄株；一种是可以接受花粉产生种子，但不提供育儿室的功能性雌株。这样的组合既保证了花粉的交流，也让共生的榕小蜂得以延续血脉。

山竹

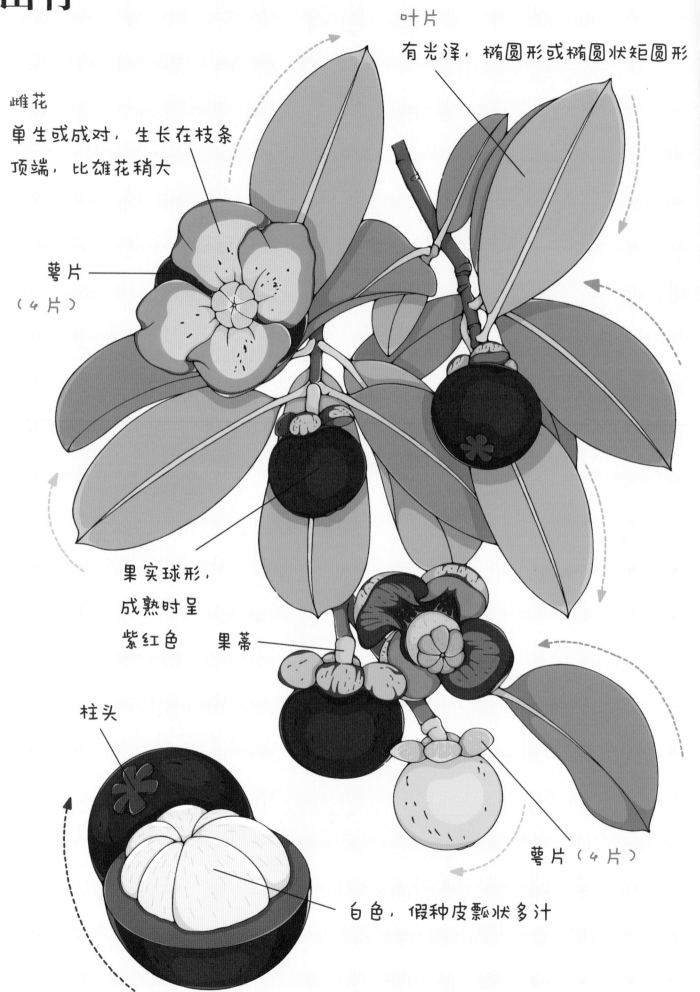

雌花
单生或成对，生长在枝条顶端，比雄花稍大

叶片
有光泽，椭圆形或椭圆状矩圆形

萼片
（4片）

果实球形，成熟时呈紫红色　　果蒂

柱头

白色，假种皮瓢状多汁

萼片（4片）

［名称］山竹，中文学名为莽吉柿

［学名］*Garcinia mangostana*

［英文名］*Mangosteen*

［科属］藤黄科，藤黄属

［原产地］东南亚

———————— 趣味小知识 ————————

山竹的传说：英国女王的"水果皇后"

相传，在 19 世纪 90 年代，大不列颠及北爱尔兰联合王国的女王维多利亚得知英国在东南亚的殖民地有一种神秘的水果，它有着紫色的外皮和细腻多汁的白色果肉，口感凉爽、甜而微酸，这种水果就是山竹。女王承诺会授予任何能把山竹带给她的人以爵位，但由于当时从东南亚到英国的旅程至少要花几个月时间，因此这一愿望从未实现过。自那之后，山竹获得了广为人知的"水果皇后"称号。

鳄梨

雄蕊（12枚）
外轮6枚均有功能，内轮3枚退化，3枚有功能

花瓣

花梗

果实
梨形、卵形或球形

果核
木质色
椭圆形

叶片
长椭圆形、椭圆形、卵形或倒卵形

[名称] 鳄梨，又称牛油果·酪梨

[学名] *Persea americana*

[英文名] Avocado

[科属] 樟科，鳄梨属

[原产地] 中美洲、墨西哥和南美洲北部

―――――― 趣味小知识 ――――――

水果界的"胖美人"——牛油果

牛油果中超过 75% 的能量来自脂肪，而其中大部分是单不饱和脂肪酸，如油酸。2022 年的最新研究表明，每周吃两个牛油果来替代人造黄油、奶酪或加工肉类等饱和脂肪酸，可将患心血管疾病的风险降低 16%~22%。

欧洲甜樱桃

柱头（雌蕊）

樱桃花
以 3~6 朵伞形花序
的形式在早春与新
叶同时生长

花药
（雄蕊）

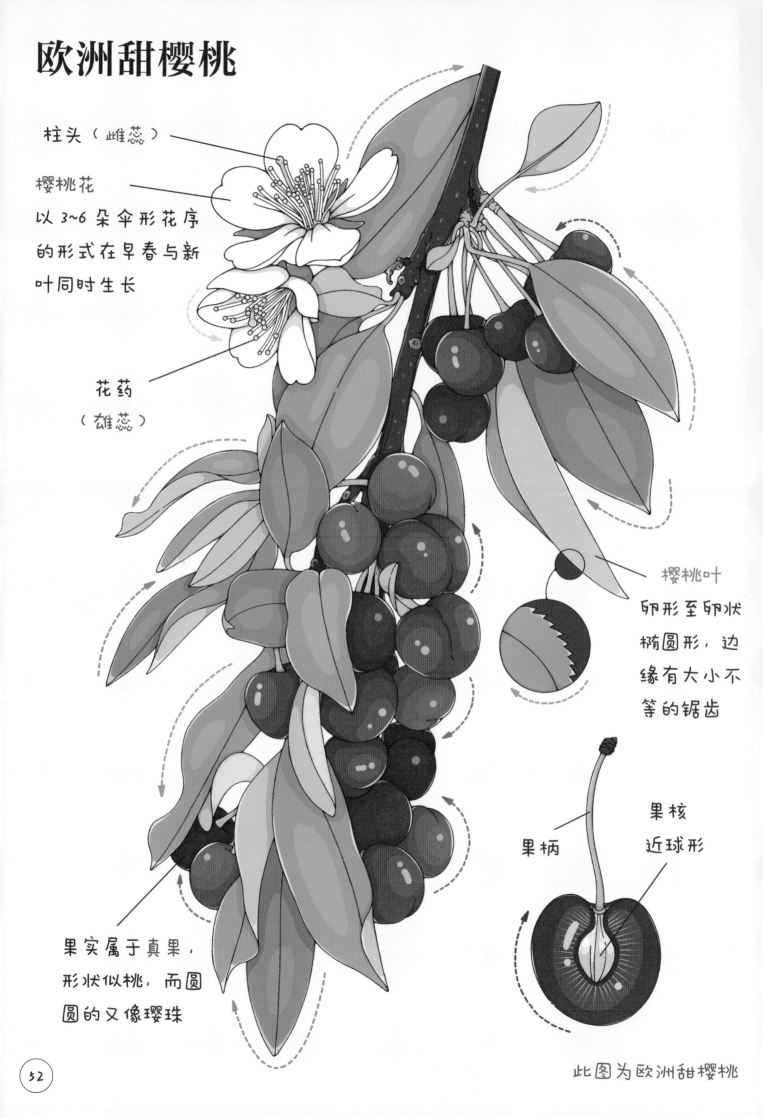

樱桃叶
卵形至卵状
椭圆形，边
缘有大小不
等的锯齿

果核
近球形

果柄

果实属于真果，
形状似桃，稀圆
圆的又像樱珠

此图为欧洲甜樱桃

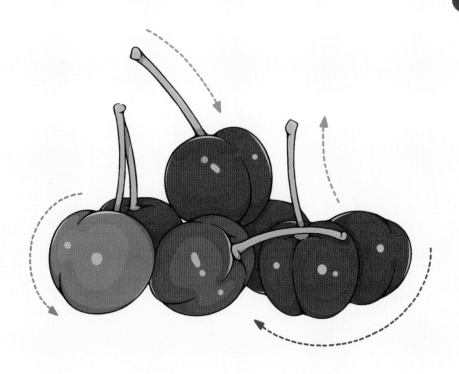

[名称] 欧洲甜樱桃，又称车厘子

[学名] *Prunus arium*

[英文名] Cherry

[科属] 蔷薇科，李属

[原产地] 欧洲、西亚

———————————— 趣味小知识 ————————————

车厘子的铁含量竟然不如白菜？

我们平时看到如玛瑙般晶莹剔透的车厘子，其鲜红的色泽很容易让人们联想到血液，那么，它到底有没有补血功效呢？其实每100克车厘子中的铁含量只有0.36毫克，而在我们饭桌上经常出现的平价白菜，每100克中的铁含量竟有0.8毫克；除此之外，车厘子的维生素C含量实际上也仅有白菜的1/6左右。即便如此，车厘子娇艳欲滴的外形和美味的口感，依然会吸引众多的追随者。

石榴

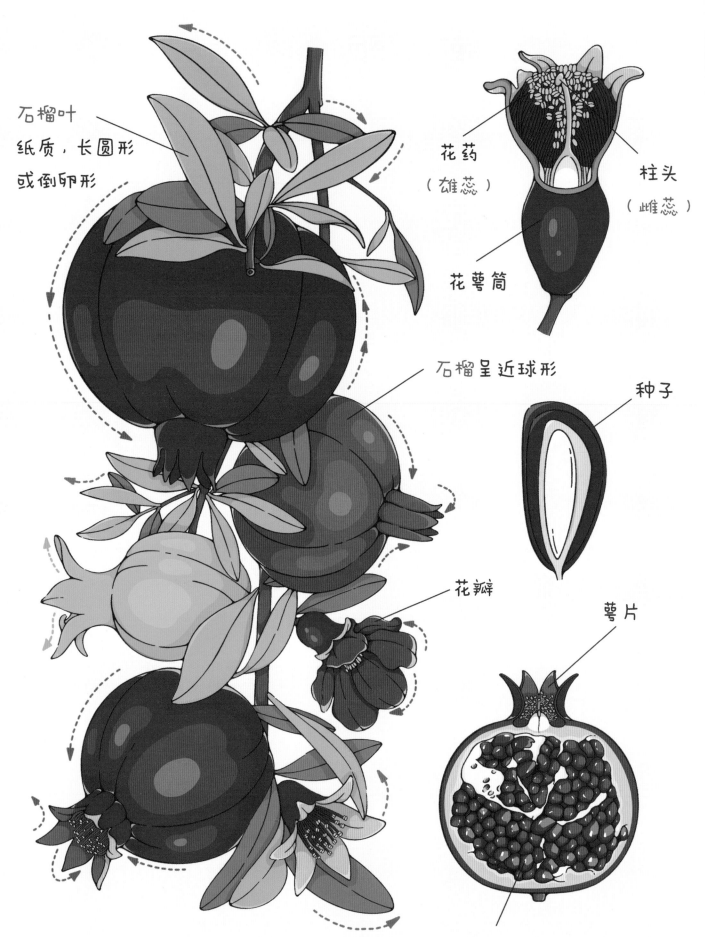

石榴叶
纸质，长圆形
或倒卵形

花药
（雄蕊）

柱头
（雌蕊）

花萼筒

石榴呈近球形

种子

花瓣

萼片

肉质，呈鲜红、淡红色，酸甜多汁

［名称］石榴，又称安石榴

［学名］*Punica granatum*

［英文名］Pomegranate

［科属］千屈菜科，石榴属

［原产地］伊朗及其邻近地区

———————— 趣味小知识 ————————

水果中的"房子富豪"——石榴

每个石榴中含有 200~1400 颗种子，多室多子，算不算得上是"房子富豪"呢？石榴在中国古代作为"多子多福"的象征；在希腊，朋友会送石榴给新购房的房主；在亚美尼亚文化中，石榴象征着生育、富足和婚姻；在印度，石榴象征着繁荣和多产。而在西方神话中，石榴却是诱惑的代名词。

山楂

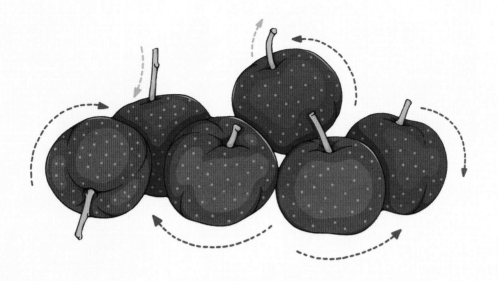

[名称] 山楂，又称山里红

[学名] *Crataegus pinnatifida*

[英文名] *Hawthorn*；*May-tree*

[科属] 蔷薇科，山楂属

[原产地] 亚洲、温带欧洲

—————————— 趣味小知识 ——————————

山楂的"前世今生"

山楂最早进入人们的生活，并不是用来食用，而是因其对环境的适应性极强，发枝快，被砍来用作柴火。后来人们才发现枝条上的小红果竟然可以吃，但其酸涩、糟糕的口感实在让人难以接受。即便这样，也不能阻止我们探索美食的脚步，为了中和酸味，人们就在山楂外包裹糖浆，制作成我们现在熟悉的糖葫芦，那酸酸甜甜的口感，成为了多少人童年难舍的味道。

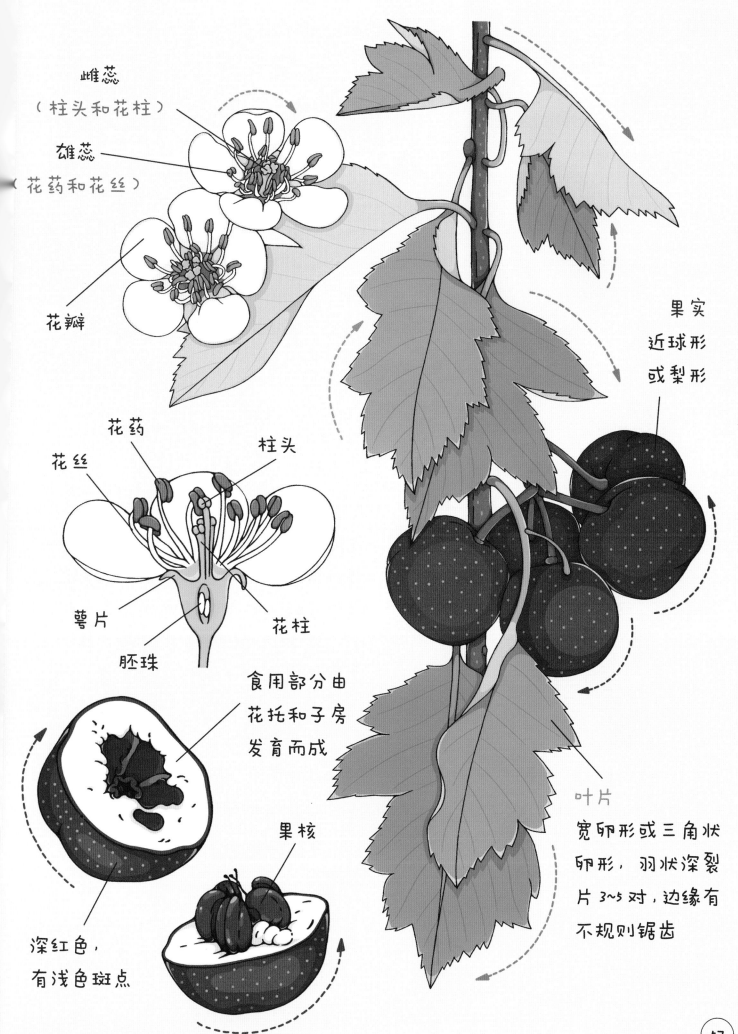

雌蕊
（柱头和花柱）

雄蕊
（花药和花丝）

花瓣

花药

花丝

柱头

萼片

花柱

胚珠

食用部分由
花托和子房
发育而成

果核

深红色，
有浅色斑点

果实
近球形
或梨形

叶片

宽卵形或三角状
卵形，羽状深裂
片3~5对，边缘有
不规则锯齿

桃

[名称] 桃

[学名] *Prunus persica*

[英文名] Peach

[科属] 蔷薇科，李属

[原产地] 中国

———— 趣味小知识 ————

关于桃，你知道多少？

中国是桃树的故乡，在中国古典四大名著之一《西游记》中，桃子是被神仙用以延年益寿的水果，古人赋予了桃子永生和美好的寓意；桃树，其木制成的桃木剑和桃木符，可驱除邪魔。《诗经》里写道"桃之夭夭，灼灼其华"，形容明艳到极致的桃花给少女装点上了别样的美丽，预示着爱情的美满，"人面桃花"更成了中国古典诗词中的一种经典意境。

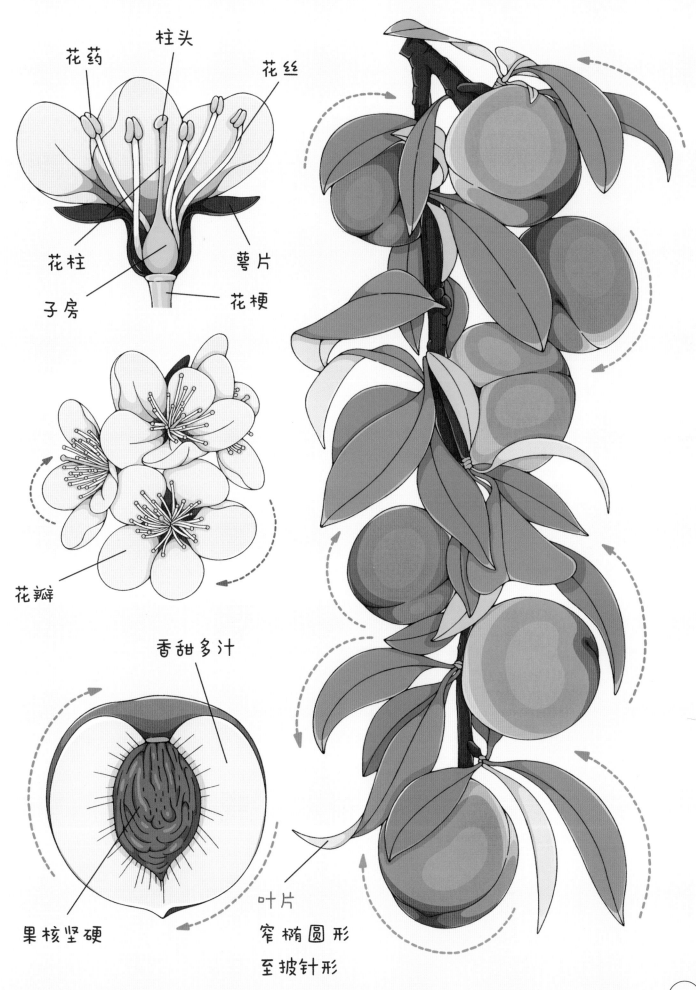

花药　柱头　花丝

花柱　萼片

子房　花梗

花瓣

香甜多汁

果核坚硬　叶片

窄椭圆形
至披针形

杨梅

雌花序

柱头
（雌蕊）

叶片
长椭圆形或
楔状披针形

果核
阔椭圆形
或圆卵形

食用部分为外果皮
外层细胞发育而成
的囊状突起，
也叫肉柱

果实
核果球状，
外表面具乳
头状凸起

果柄

雄花序

花药
（雄蕊）

[名称] 杨梅

[学名] *Morella rubra*

[英文名] Waxberry

[科属] 杨梅科，杨梅属

[原产地] 中国长江、珠江流域

—————— 趣味小知识 ——————

"吃一颗杨梅就等于吃十只虫子"是真的吗？

我们看到的杨梅外表，是由外果皮衍生出的许多柱状突起，因此很容易被果蝇幼虫寄生。大家在吃杨梅之前可以用盐水浸泡，不一会儿就能看到水中有白色的小虫子浮出来。至于小虫子有没有十只，大家也可以试着数一数哦！

果实的成熟，
为这趟生命之旅画上了句号……

哦不，
那些复刻在种子里的遗传密码，
又将是新生命下一次轮回的开始……

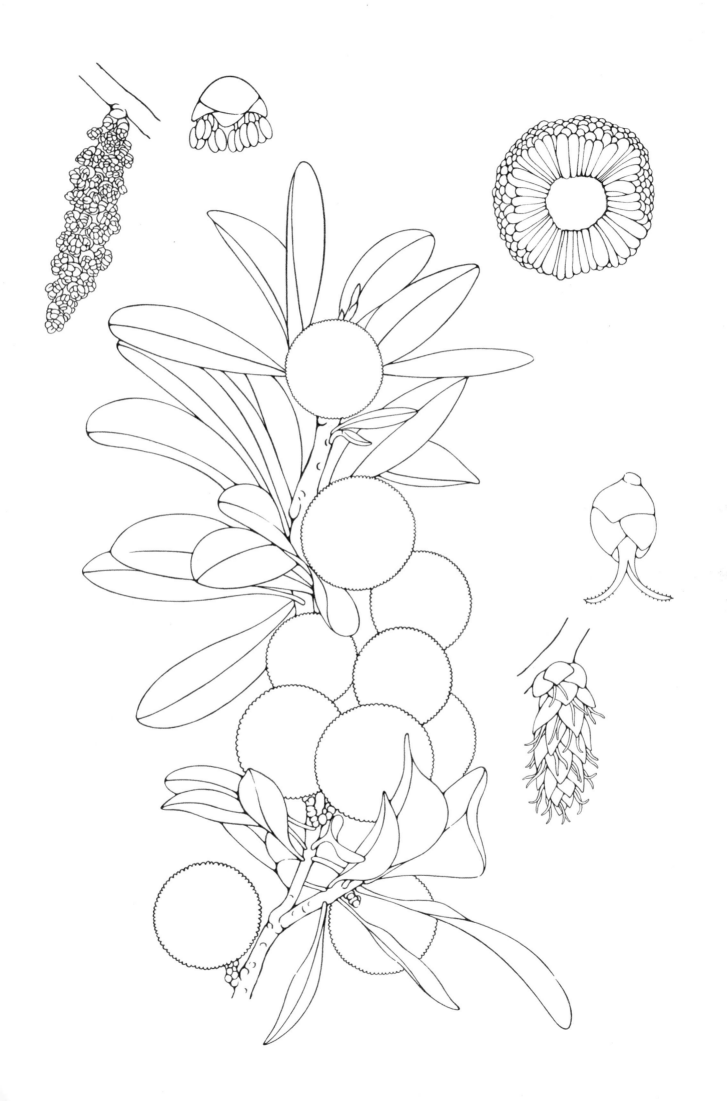

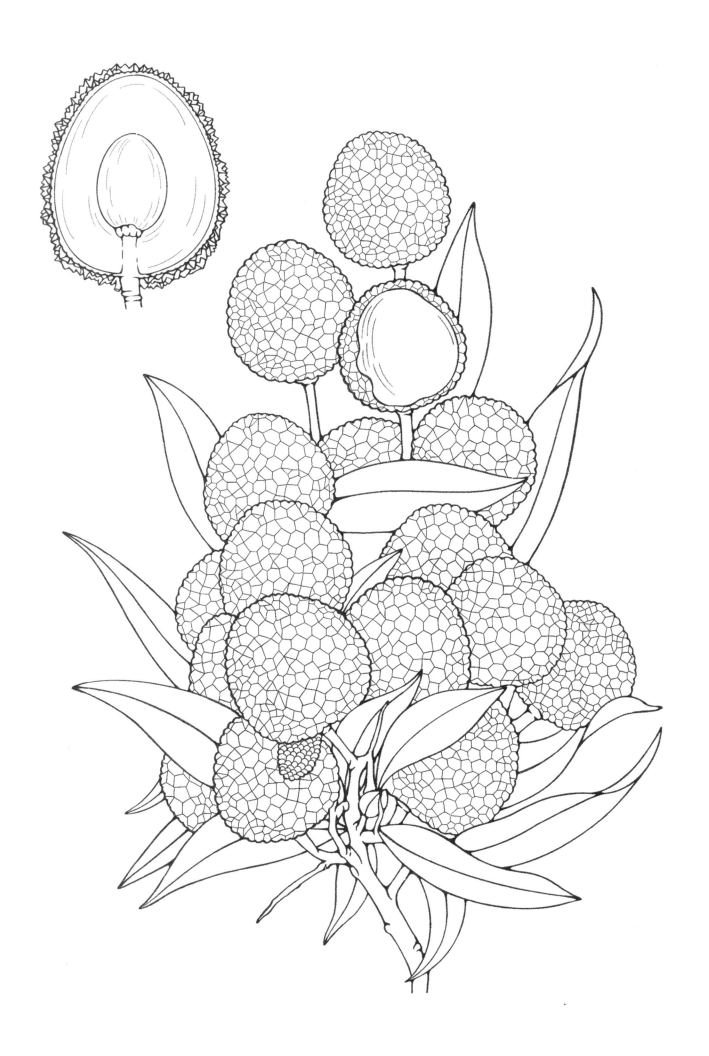

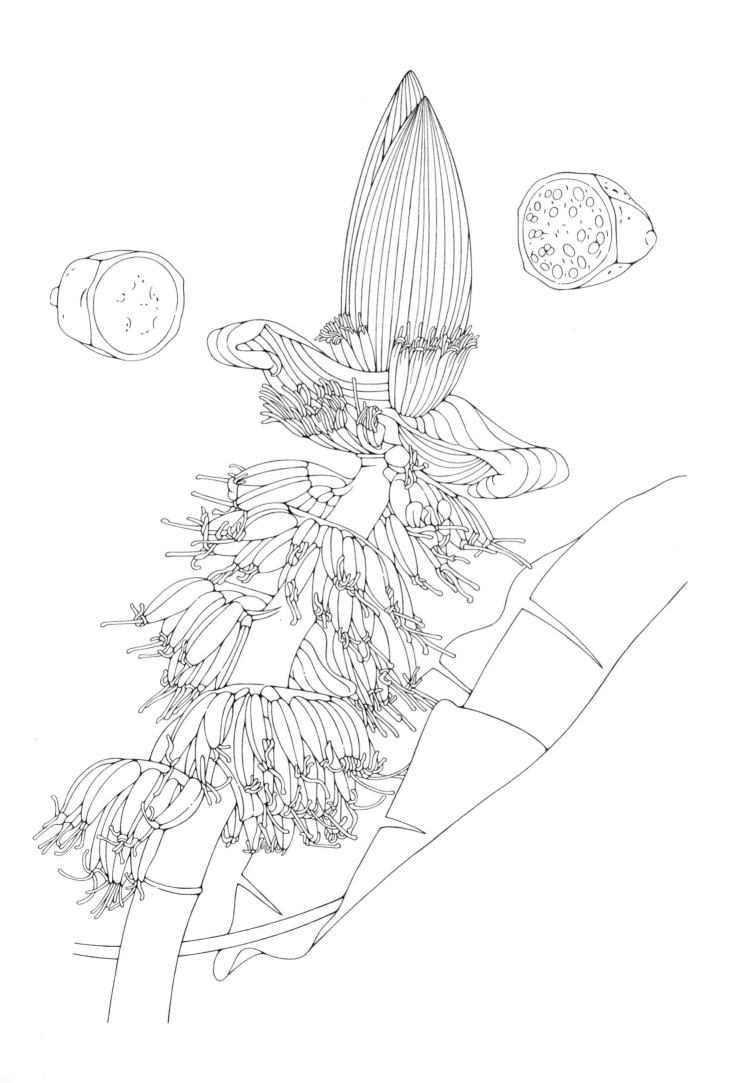

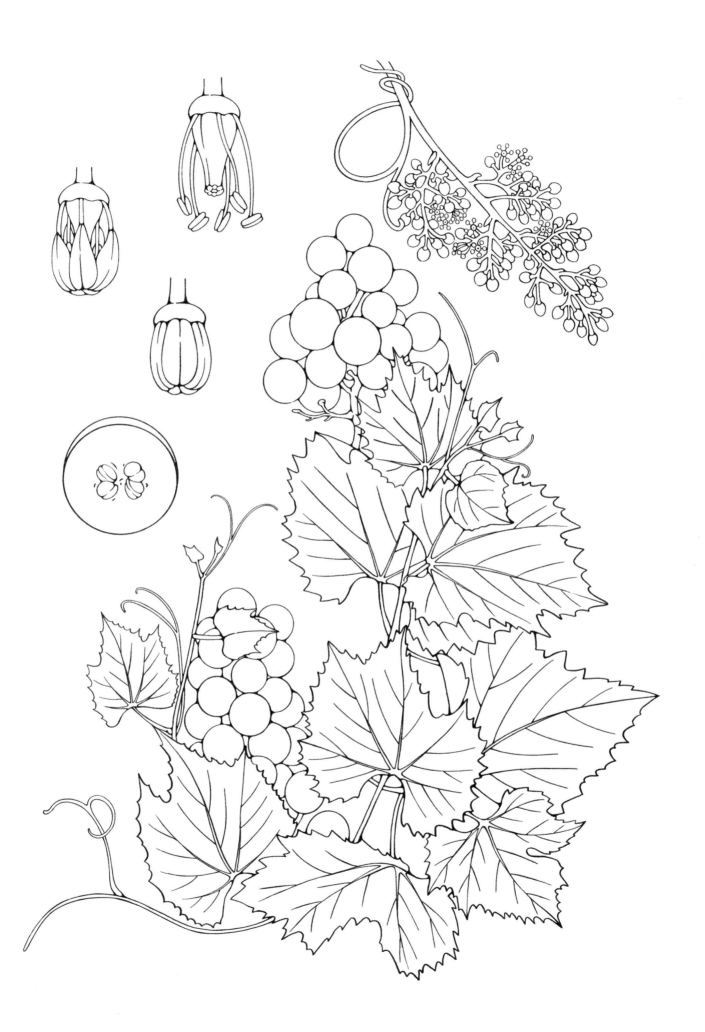

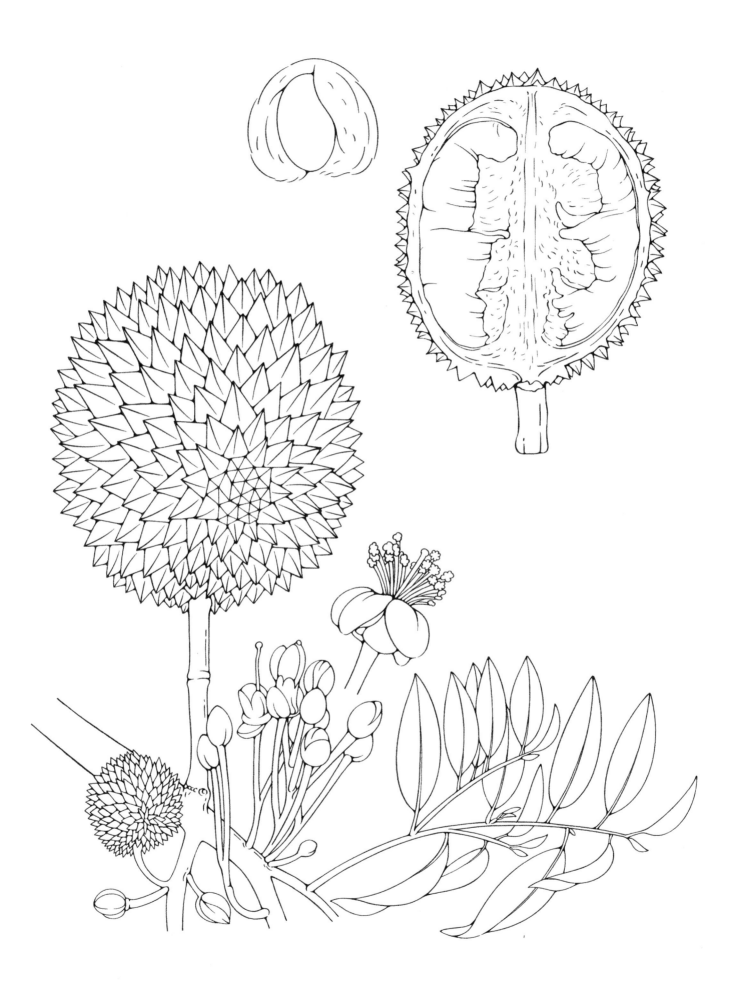

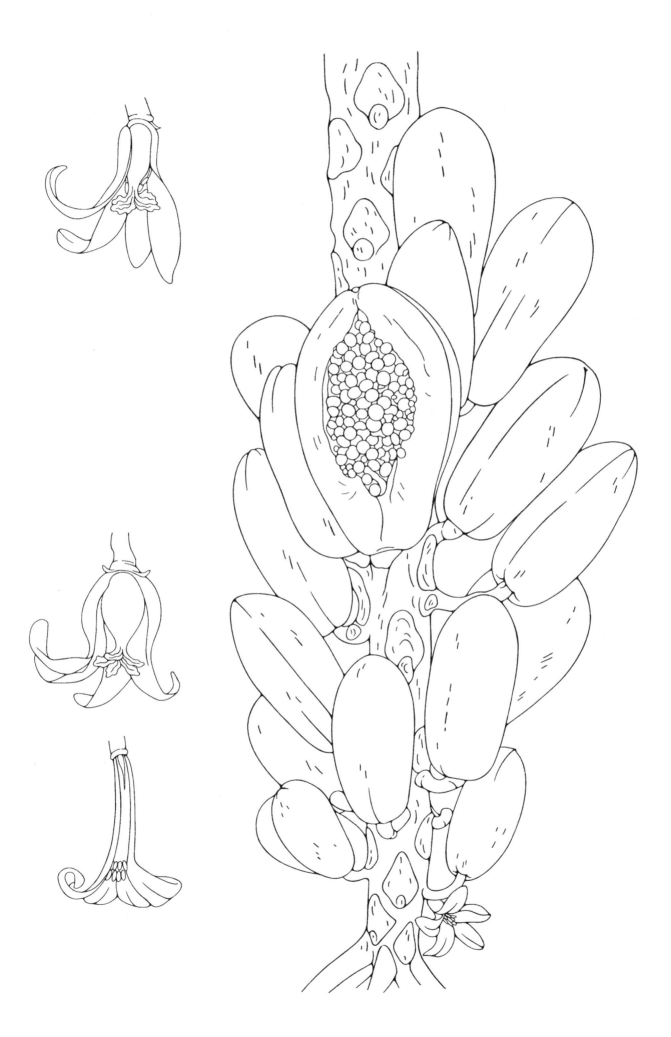

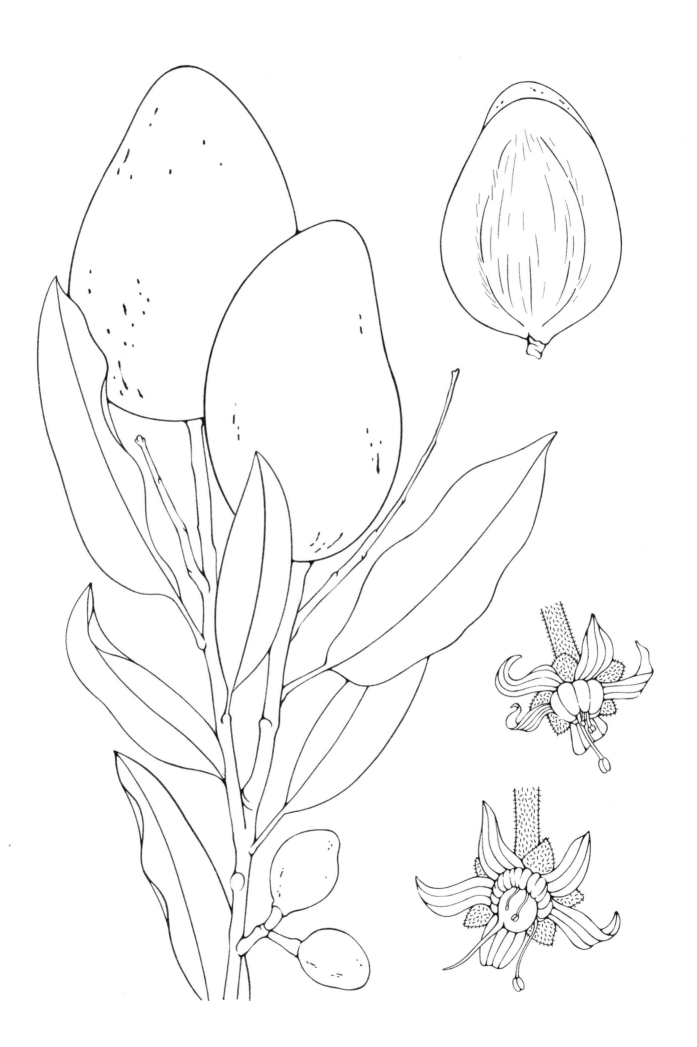

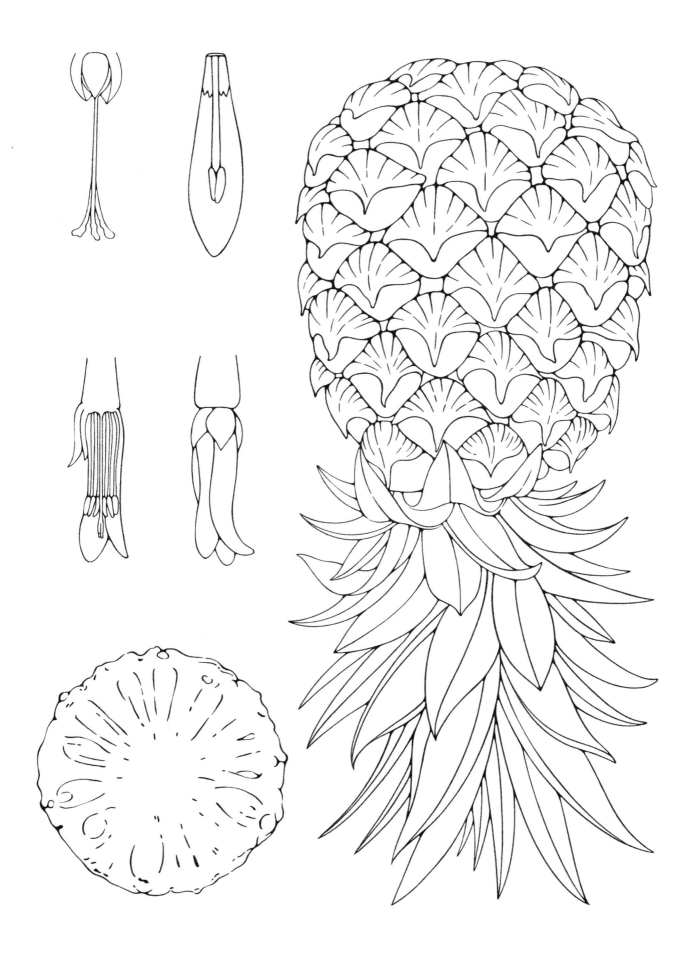

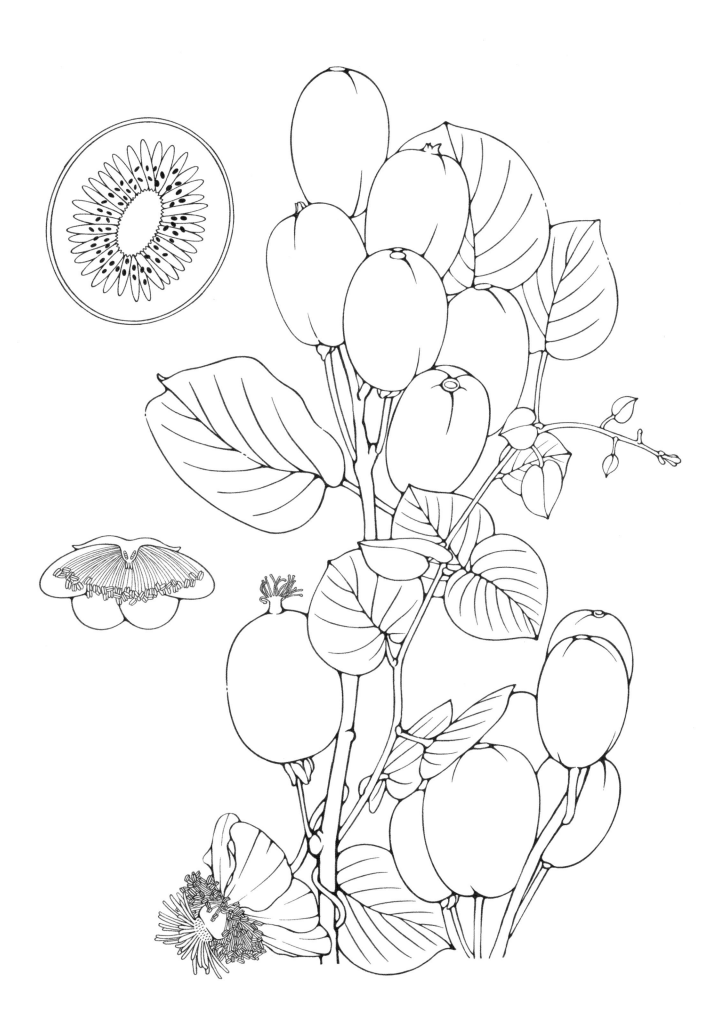

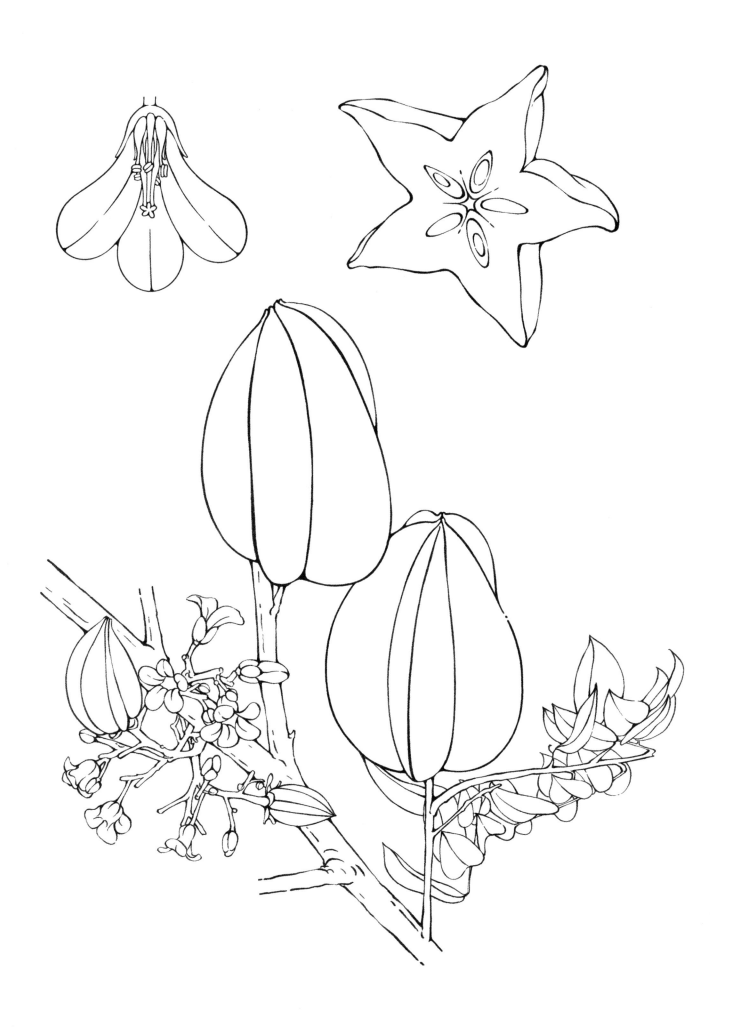

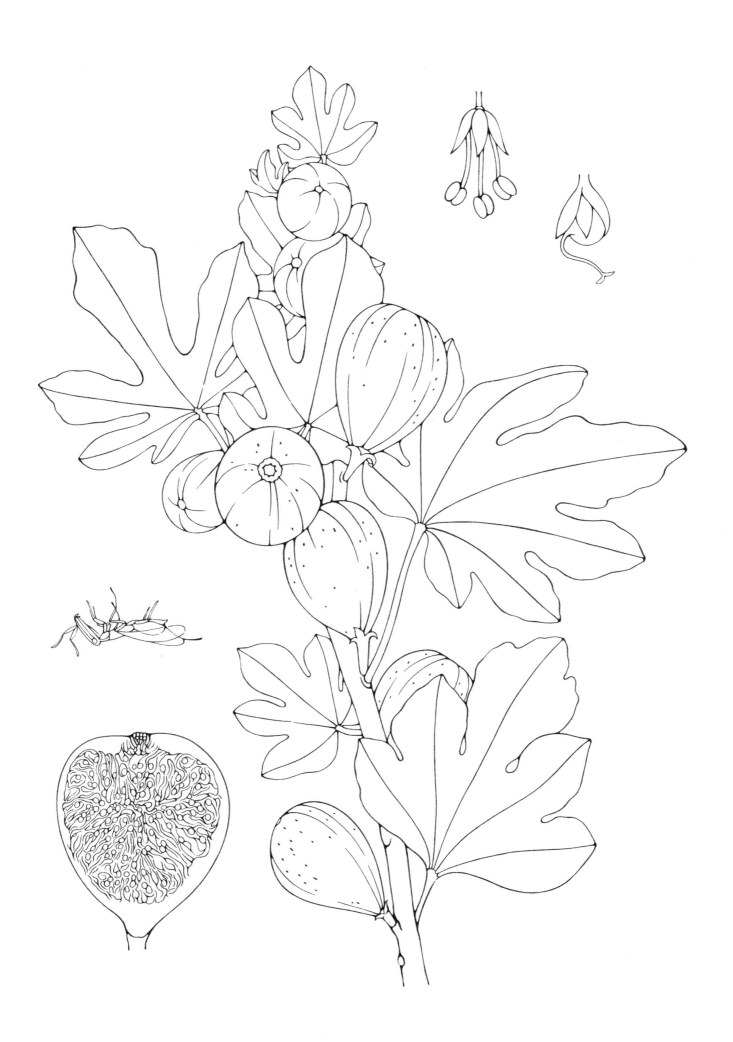

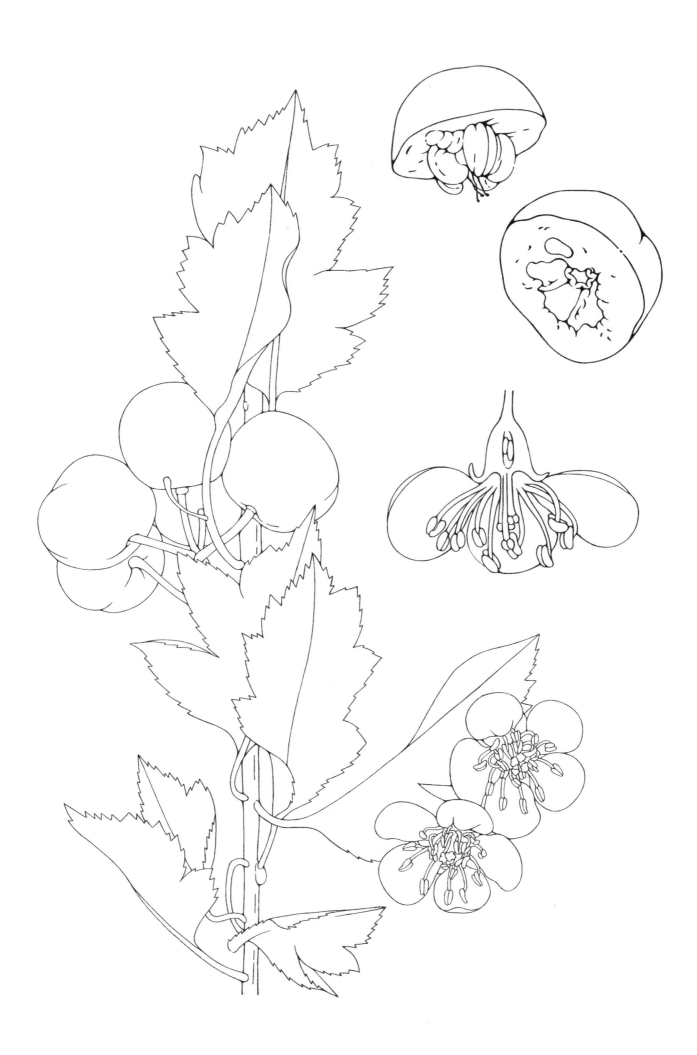